microemprendimientos

APICULTURA

PARA PRINCIPIANTES

Sandra Guzzetti - Alfredo Santi

APICULTURA
PARA PRINCIPIANTES

»Manual práctico para la cría de abejas
Y COMERCIALIZACIÓN DE SUS PRODUCTOS

Ediciones Continente

Apicultura para principiantes

Sandra Guzzetti - Alfredo Santi

1ª edición: enero de 2006
1ª reimpresión: enero de 2018

Corrección: Susana Rabbufeti Pezzoni
Diseño de tapa: Estudio Tango
Diseño de interior: Carlos Almar

Guzzetti, Sandra
Apicultura para principiantes / Sandra Guzzetti y Alfredo Santi.
1a ed. - Buenos Aires : Continente, 2006.
128 p. ; 23 x 15 cm.

ISBN 978-950-754-117-9

1. Apicultura. I. Santi, Alfredo. II. Título
CDD 638.1

Pavón 2229 (C1248AAE) Buenos Aires, Argentina
Tel.: (54 11) 4308-3535 - Fax: (54 11) 4308-4800
www.edicontinente.com.ar
info@edicontinente.com.ar

Queda hecho el depósito que marca la ley 11.723.

Libro de edición argentina

Este libro se terminó de imprimir en el mes de enero de 2018 en
Comgraf S.R.L., Coronel Pagola 3860, (C1437IXF) C.A.B.A.
Tel.: (011) 4911-3109 / 4912-1096
E-mail: info@comgraf.com.ar

ÍNDICE

CAPÍTULO I

INTRODUCCIÓN

La definición formal de la Apicultura es "*la ciencia aplicada que estudia la abeja melífera para, mediante la tecnología apropiada, obtener beneficios económicos*". Estos beneficios son básicamente de dos clases:

- *Directos*: como consecuencia de la venta de miel, polen, cera y otros productos apícolas.
- *Indirectos*: debidos a la acción que las abejas realizan como vector de polen en los cultivos, acción llamada *polinización*.

Un análisis etimológico de la palabra "apicultura" nos da que proviene del latín *apis* (abeja) y *cultura* (cultivo), es decir, la ciencia que se dedica a la crianza de las abejas.

La apicultura actual puede dividirse en dos tipos:

- *Sedentaria* o *fijista*. Se caracteriza porque la ubicación de la colmena no varía, y porque aprovecha solamente la flora del lugar.
- *Trashumante*. Consiste en ir cambiando la situación del apiario siguiendo la localización de la zona geográfica con el fin de obtener un máximo de producción.

Breve historia

La evidencia del aprovechamiento de abejas por parte de los egipcios está testimoniada en jeroglíficos datados hacia el año 2500 a. C. Estos primeros intentos de la apicultura muestran al hombre intentando conocer el mundo de las abejas, comenzando por tratar de mantener una colonia dentro de un tronco hueco.

Hacia el año 1500 a. C. se hallan nuevas evidencias escritas, en este caso provenientes de la cultura hitita. El primer testimonio escrito de la importancia de la apicultura en lo que hoy es España data del 1100 a. C., en el seno del Imperio Tarteso asentado en la zona de Andalucía. Hacia el siglo I, el autor gaditano Columela describió cómo era la apicultura de su época, haciendo referencia al manejo de las colmenas.

Los árabes también muestran su interés en esta actividad, como puede verse en las importantes indicaciones sobre el manejo de las colmenas que pueden leerse en el volumen 9 del *Tratado de Agricultura* de Abdul Zacarías.

Las primeras ordenanzas y disposiciones sobre la apicultura se deben al rey Alfonso X el Sabio.

Es importante señalar que hasta bien entrado el siglo XVIII hay que hablar de una apicultura tradicional a pequeña escala y empírica. Recién por esa época, con el avance de los conocimientos científicos y especialmente de la Biología, es posible profundizar en el estudio del comportamiento de los animales en forma individual y como enjambre. Esto impulsa el paso hacia una apicultura mucho más técnica, para lo que resulta fundamental el invento de las colmenas movilistas de Langstroth, hacia 1895.

Terminología básica

Como cualquier otra actividad, la apicultura emplea sus propios términos específicos para nombrar útiles o situaciones.

A continuación, un breve glosario apícola:

- **Colmena:** es el soporte material donde viven las abejas, ya se trate de un hueco natural o una estructura preparada por el hombre. A la colmena natural también se la llama a veces *nido*.
- **Colonia:** conjunto de todos los individuos que viven en un mismo lugar, organizados para sobrevivir y defenderse de los ataques de otras especies.
- **Enjambre:** conjunto de abejas que parte de una colonia y va a establecerse en otro lugar.
- **Enjambre artificial:** se denomina así a los conjuntos que prepara un apicultor, llamados más propiamente "núcleos".
- **Celda real:** es la celda especial que sirve de cuna a la reina.
- **Manejo:** se refiere a las acciones que el apicultor ejecuta sobre la colonia con el fin de mejorar alguna condición natural.

- **Nucleros:** denominación genérica de las pequeñas colmenas que se usan en el transporte de núcleos preparados por el apicultor.
- **Operculado:** consiste en cerrar las celdillas en donde nacerán las reinas, las obreras y zánganos, y el sellado de las células de miel.
- **Desoperculado:** es la operación de retirar o romper el opérculo que cierra las celdas de miel.

¿Por qué desarrollar la apicultura?

La relación entre el hombre y la abeja es, como dijimos, casi tan antigua como la Civilización, y hoy se verifica en casi cualquier región del mundo. Al ser esto así, el objetivo primordial de cualquier proyecto apícola es poder introducir a la práctica nuevos y mejores métodos.

La apicultura es una actividad que se inscribe en el concepto de desarrollo agrícola de pequeña escala. Requiere principalmente de labor humana y se puede integrar fácilmente dentro de proyectos agrícolas o forestales mayores, en los cuales las abejas pueden ayudar en la polinización de algunas cosechas correspondientes a esos proyectos.

Un proyecto apícola, aunque sea pequeño, puede ser lucrativo de entrada. Puesto en marcha, y en la medida en que el apicultor adquiere la destreza necesaria, es fácil aumentar el número de colmenas. No resulta imprescindible depender de recursos ni materias primas ajenas a la zona. Las abejas se nutren con el néctar y polen cercanos y forrajean a un radio de acción bastante lejos del apiario. Todos los materiales necesarios para llevar adelante un proyecto de apicultura se pueden construir o fabricar en forma local: vestimentas de protección, materiales, herramientas y las mismas colmenas pueden ser realizadas por hojalateros, sastres, carpinteros o cesteros de cada lugar. Un proyecto apícola crea empleos y ganancias también para personas ajenas al emprendimiento en sí.

Se trata de una actividad que se adecua perfectamente a la filosofía de desarrollo de pequeña escala.

Resumiendo, la apicultura es capaz de:

- Suplir a la dieta rural una comida adicional que por añadidura no se descompone.
- Proveer cosechas lucrativas de miel, cera y otros productos derivados.
- Crear microemprendimientos.
- Crear empleos para artesanos locales que hacen el equipo.

- Aumentar la producción de otras cosechas como, por ejemplo, girasol, cítricos y frutales en general, a partir de una polinización más eficiente.

En la pequeña escala, es una actividad para toda la familia. Y podrían mencionarse las siguientes ventajas sobre otros tipos de agricultura:

- Es una actividad flexible para ambos sexos de toda edad.
- Puede comenzarse con una inversión no demasiado importante, en un principio.
- Se puede practicar tanto como una empresa primaria con técnicas complejas o bien como una actividad productiva secundaria con poca tecnología.

Pero es importante destacar que la mejor opción para quien quiera iniciarse en esta actividad es saber que unirse a otros productores o cooperativizarse es la manera de progresar, tener poder de competencia y desarrollarse como productores e incluso exportadores.

CAPÍTULO II

LAS ABEJAS

Entre las muchas especies de abejas que existen, la mayoría está compuesta por especímenes de costumbres solitarias. Pero algunas son sociales, viven juntas en colonias y manifiestan una clara y siempre sorprendente división de tareas entre los individuos convivientes.

Toda especie de abejas es importante como agente de la polinización, y todas sacan el néctar y el polen de las flores. Pero son pocas las especies de abejas sociales que almacenan el néctar en forma de miel. Y de éstas, hay a la vez muy pocas que la almacenan en suficiente cantidad como para que valga la pena el esfuerzo de cosecharla.

La mayor productora de miel y de los subproductos de la colmena es la *genus apis*, la verdadera abeja melífera. *Apis mellifera*, la abeja de colmena del hemisferio occidental, se ha introducido en muchas regiones del mundo para uso apícola.

Clasificación de las abejas de miel

La abeja de la miel es un insecto que pertenece, dentro del orden de los himenópteros, a la familia *Apidae* y al género *Apis*. Todas son semejantes en apariencia, aunque haya diferencias de tamaño y color. El género *Apis* comprende cuatro especies, todas ellas sociales. Tres son nativas de Asia y una de la región euro-africana. Y todas construyen panales verticales de dos celdas de grosor.

Éstas son sus principales características (cabe recordar aquí que donde se mencione el *nido* nos estaremos refiriendo al albergue natural de un enjambre, mientras que *colmena* denomina en todos los casos al albergue artificial, construido por el hombre):

- ***Apis mellifera* L. y *Apis cerana*.** La primera es la abeja doméstica y se encuentra en zonas tropicales de Europa (zona mediterránea) y África, desde donde se extendió al resto del mundo. De la segunda especie hay referencias tan antiguas como sobre la *Apis mellifera*; la *cerana* se encuentra en Asia. Tiene como parásito a la *varroa* (un arácnido que se alimenta de estados inmaduros y adultos —*hemolinfa*—), lo cual no causa graves problemas a esta especie, aunque sí a *Apis mellifera*. Ambas especies viven en nidos cerrados (rocas, huecos de árboles), y normalmente construyendo nidos de múltiples panales dentro de huecos tapados. Estas abejas se pueden mantener en colmenas, y se han desarrollado métodos para una utilización más razonada de su potencialidad. Es con estas dos especies que existe la potencialidad para el desarrollo apícola.

- ***Apis dorsata*** —abeja gigante o abeja de piedra— y ***Apis florea*** —pequeña abeja melífera. Ambas se encuentran en las zonas tropicales de Asia. Construyen y viven en nidos abiertos de un panal al igual que las avispas. Estos nidos cuelgan de las ramas de los árboles, de las azoteas o de los techos. Las abejas adultas forman una cortina alrededor del nido para controlar las condiciones ambientales. La cría y la miel almacenada están en el mismo panal —la primera en la parte inferior y la miel en la parte superior. Su recolección es de forma natural. Al presentarse un único panal y ser poco productivas se prestan muy poco a la práctica de la apicultura. Ambas especies son de conducta difícil de pronosticar, y no pueden vivir dentro de una colmena. La abeja gigante es especialmente defensiva de su nido. Por eso hay poco potencial para el desarrollo en el cuidado de ambas especies, aunque con frecuencia exista el potencial de mejorar la calidad de la miel por medio de métodos más cuidadosos de extracción y embotellamiento.

CLASIFICACIÓN DE LA ABEJA MELÍFERA

Esta variedad específica se divide en 23 razas o subespecies, que se distribuyen mundialmente en siete zonas:

- Sur y Este de Europa
- Norte y Oeste de Europa (*Apis mellifera ibérica*)
- Islas mediterráneas
- Norte de África
- Sur de África
- Este de África
- Oeste de África

Las principales entre estas variedades de abeja *mellifera*, las más conocidas, son:

- *Mellifera mellifera*. Es de color marrón oscuro, tirando a negro. Originaria de Europa del Norte y del centro-oeste de Rusia, extendiéndose hasta la Península Ibérica.
- *Mellifera ligústica*. De origen italiano, es sin embargo una abeja muy popular en todas partes del mundo. Es de color claro y tiene largos segmentos amarillos sobre el abdomen. Se trata de una abeja muy dócil.
- *Mellifera cárnica*. Esta abeja es muy popular entre los apicultores a raíz de su gran docilidad. Originaria de los Alpes del Sur de Austria, es de color marrón o gris.
- *Mellifera caucásica*. Originaria de los altos valles del centro del Cáucaso, esta abeja es de un color gris plomo.

Rendimiento de Apis mellifera y de Apis cerana

La *mellifera* o abeja de colmena occidental ofrece una gran potencialidad para el desarrollo de la apicultura. Además de sus grandes rendimientos de miel, una de las características que ha hecho que sea popular para la apicultura es su habilidad para sobrevivir en variadas condiciones. Otra característica es que resulta fácil de encontrar, porque aparece naturalmente en las poblaciones nativas, o por haber sido introducida a tales poblaciones históricamente. Las razas europeas de esta abeja han sido introducidas en toda América, Asia y Australia. Se las ha estudiado extensivamente desde el punto de vista biológico, y, en condiciones saludables, construyen colonias grandes y producen importantes excedentes de miel. Bajo óptimas condiciones son posibles rendimientos de más de 100 kg por año.

La *Apis cerana* (abeja oriental o abeja colmenera india) es, como mencionamos, nativa de Asia. En diferentes regiones de ese continente se desarrollaron formas de apicultura con esta abeja porque es fácil de cuidar en envases hechos por el hombre. Los métodos apícolas para tratar a esta abeja son parecidos a los usados con la abeja occidental, aunque las colmenas que se usan son más pequeñas.

En algunos sitios los rendimientos suben a 15 o 20 kg por año, pero hay que decir que el promedio general es mucho más bajo.

De todos modos, más allá de que una raza sea más aprovechable que otra, hay que tener en cuenta que en todo proyecto de desarrollo apícola de pequeña escala se debe usar la abeja nativa del sitio en que se asiente el emprendimiento. La importación de especies trae más riesgos que beneficios concretos.

Las abejas sin aguijón

Todas estas abejas construyen sus nidos dentro de envases huecos. En regiones tropicales, a algunas especies de estas abejas sin aguijón —especialmente *trigona* y *melipona*— se les roba la miel almacenada. Aunque no piquen, defienden su colonia por medio de mordeduras al intruso. Algunas segregan sustancias irritantes con la mordida.

El nido de cría de una abeja sin aguijón es de una celda de grueso y usualmente horizontal. Estas abejas guardan la miel en envases de cera del tamaño de un dedal colocados alrededor de la cámara de cría.

En algunos sitios estas especies de abejas se mantienen en calabazas, vasos de arcilla o troncos huecos. La miel se cosecha abriendo el hueco y sacando los envases de cera. El rendimiento es mínimo, y venderlo sólo vale al nivel local. Tiene también un cierto valor medicinal.

Como estas abejas sin aguijón usan un tipo diferente de estructura para almacenar la miel y para el nido de cría, no hay métodos realmente eficaces para aumentar su producción, por lo que el cuidado de estas abejas es económicamente práctico sólo para uso doméstico.

Sin embargo, la cultura maya —en la cual la miel era importante para sus celebraciones religiosas y se hacían festivales y ritos para asegurarse buenas cosechas de ésta— desarrolló un sistema para mantener una especie de la abeja *melipona* en colmenas de troncos huecos. Es el único caso conocido donde una práctica de apicultura se desarrolló con una especie distinta de la *Apis*. Esta *meliponicultura* todavía existe en algunas regiones de Centroamérica. Los máximos rendimientos que se cosechan con estas abejas son de 10 a 12 kg por año.

La vida de la abeja melífera

Es un insecto de *metamorfosis completa*. Esto significa que hay cuatro etapas distintas en su vida:

- huevo
- larva
- pupa
- adulta

Las primeras tres etapas constituyen la cría propiamente dicha y se desarrollan en celdas en el panal.

En las etapas de huevo y larva, están en celdas abiertas que son cuidadas por las abejas nodrizas. A esto se lo denomina *cría abierta*, *destapada* o *desopercula-*

da. Una vez que el huevo eclosiona, las nodrizas se dedican a alimentar continuamente a la larva.

Hacia el fin de la etapa larval, las obreras tapan la celda, en lo que se denomina etapa de *cría callada* u *operculada*.

Una vez tapada la celda, la larva comienza un proceso de metamorfosis hasta convertirse en una pupa. Durante esta etapa no es alimentada. Finalmente abandona la celda en forma adulta.

Castas en la colonia de abejas

La abeja es un insecto social, que presenta en su vida de colonia una división en tres diferentes tipos de individuos o castas, cada una de las cuales tiene una función específica en el orden interno de la colonia y se cría en distintos tipos de celdas. Estas castas son:

- reinas (hembras)
- zánganos (machos)
- obreras (hembras)

En cuanto a las etapas de desarrollo de cada casta, en la siguiente tabla pueden verse los períodos desarrolladores comenzando con el momento en que se pone el huevo. Las fechas pueden variar en más o en menos por un día, según el tipo, especie o raza de abeja de que se trate, y también por el clima y la época del año.

Acontecimientos del Desarrollo	Obrera	Reina	Zángano
El huevo	3 días	3 días	3 días
La celda se opercula después de	9 días	8 días	10 días
La adulta emerge después de	21 días	16 días	24 días

La reina

Su principal tarea es la de poner huevos. Puede vivir hasta 5 años, aunque normalmente se van sustituyendo de forma natural cada dos o tres. Sólo subsiste una reina por cada colmena.

Las reinas nacen en unas celdillas llamadas "celdas reales", construidas distintivamente, que son mayores que las normales y en forma de bellota, y que se encuentran a las orillas o dentro del panal. El período de desarrollo de la reina, de 16 días, es el más corto entre las abejas.

Las colonias construyen celdas reales cuando necesitan crear reinas (aunque a veces comienzan y abandonan celdas reales falsas llamadas *copas falsas*). Allí las reinas, mientras son larvas, son alimentadas por las nodrizas sólo con jalea real, un alimento especial y supernutritivo producido por las glándulas faríngeas de las nodrizas. Esto hace que la reina sea fértil y se diferencie de las obreras normales.

La larva real queda rodeada de jalea real. Esta forma de nutrición —denominada *masiva* o *intensiva*— continúa por todo el período de desarrollo.

Cualquier larva hembra de menos de tres días de edad tiene la posibilidad de crecer como reina o como obrera, ya que en esta etapa es alimentada con la jalea real en este sistema de alimentación intensiva. Después del tercer día, la larva de las obreras cambia a un sistema de alimentación progresiva de una mezcla de jalea real con miel y polen. Con el sistema progresivo la larva se alimenta periódicamente. Estos diferentes esquemas de alimentación diferencian a las castas.

Como resultado de esa dieta exclusiva de jalea real durante el período de desarrollo, la reina es la única hembra que está completamente desarrollada sexualmente. El desarrollo completo de los ovarios en su abdomen le da su apariencia larga y delgada. Tiene un aguijón sin puyas. En la colonia se encuentra generalmente en la área del nido de cría.

Días después de su nacimiento (aproximadamente cinco a siete), en tiempo cálido, la reina virgen sale de la celda al exterior y hace unos vuelos de orientación, y entre los días 7 y 13 realiza vuelos para ser fecundada por los zánganos. Puede copular con diez o más zánganos. Guarda los espermatozoides en un órgano especial (*espermateca*), y después de este período no vuelve a copular nunca más. Esta fecundación le servirá para el resto de su vida, que dedicará a poner huevos para el mantenimiento de la colonia.

Comienza a poner los huevos alrededor de dos días después de ser fecundada. Deposita uno en cada celda.

Durante ciertos períodos favorables, una buena reina puede poner más de 2.000 huevos por día. Los factores que influyen en las puestas son el clima, las afluencias de polen y néctar, el tamaño de la reina y la condición de la colonia. El número de huevos puestos varía con el ciclo anual según la variación de surtidos disponibles de néctar y polen. Grandes cantidades de entradas de polen y néctar estimulan a las obreras a darle más nutrición a la reina, lo cual la estimula a ella a poner más huevos.

Ciertas glándulas de la reina producen una sustancia compleja que se llama *sustancia de la reina*. Ésta es distribuida por toda la colonia mediante las obreras que cuidan a la reina. Se trata de una combinación de sustancias químicas complejas que sirven para controlar el comportamiento de otros individuos de la misma especie. De hecho, la *sustancia de la reina* sirve para armonizar el comportamiento de la colonia.

Las reinas viejas no tienen la misma capacidad de poner huevos que tienen las más jóvenes. De ahí que los apicultores prefieran obviamente a estas últimas. En proyectos de apicultura intensiva las reinas se reemplazan cada dos años.

Normalmente hay sólo una reina en cada colonia, aunque puede haber dos en el momento en que están reemplazando a la vieja por una nueva.

Las obreras

Se trata de abejas hembras que no están del todo desarrolladas sexualmente, y que tienen estructuras y órganos especiales que están asociados con los trabajos que cumplen. En la siguiente tabla puede apreciarse esto en detalle:

Órgano	Ubicación	Función
Glándulas faríngeas	Parte delantera de la cabeza	Produce jalea real para la cría
Glándulas cereras	Debajo del abdomen	Produce la cera
Órgano olfativo emisor	Cerca de la parte superior del abdomen	Produce olor para orientar las abejas cuando la colonia está revuelta
Aguijón y glándulas del veneno	En el punto del abdomen	Defender la colonia
Lengua larga	La cabeza	Cosecha el néctar. Alimentar
Estómago de miel o buche melario	Área ancha del esófago	Lleva el néctar y el agua
Peinilla y cesta de polen	En las patas traseras	Quitar el polen del cuerpo, hacerlo pequeñas bolitas, y llevarlo a la colmena. También para llevar el propóleos

Está a la vista que ellas son las verdaderas trabajadoras de la colmena. Desde que nace hasta que muere, una abeja obrera pasa por distintas funciones, todas ellas imprescindibles dentro de una colmena. Algunas de las tareas específicas que cumplen son:

- Las nodrizas dan de comer a las larvas y dan calor al nido de cría.
- Las guardianas son las encargadas de la protección.

- Las cereras hacen, retocan y mantienen los paneles.
- Las limpiadoras libran la colmena de restos y desechos.
- Las pecoreadoras salen a recoger néctar y polen de las flores, y también agua y propóleos.

Esta última tarea es, en verdad, llamativa. Una obrera pecoreadora puede volar hasta a unos tres kilómetros de distancia de la colmena (aunque normalmente no se aleja en busca de flores más de un kilómetro), y cuando encuentra un buen lugar para pecorear, vuelve a la colmena y mediante una danza avisa a las demás de la posición y distancia a la que se encuentra el objetivo.

Las tareas que realizan las obreras adultas van cambiando con la edad. Este cambio está relacionado con el desarrollo fisiológico de varias glándulas. Pero este sistema no es completamente fijo, puesto que las obreras pueden cambiar de tareas según las necesidades de la colonia.

En su esquema básico, la obrera pasa por las siguientes etapas:

EDAD (en días contados a partir de la metamorfosis)	TAREA
1-2	Limpiar las celdas y calentar el nido de cría
3-5	Alimentar la larva mayor con miel y polen
6-15	Alimentar la larva menor con jalea real
15-20	Madurar el néctar, producir la cera, y construir el panal
20-24	Proteger y ventilar la colmena, hacer vuelos de ejercicio y orientación para aprender a volar y a encontrar la colmena
24 y más	Recolectar el polen, el néctar, el agua o el propóleos

La duración de la vida de las obreras adultas varía mucho según la época del año. Durante períodos en que la colonia está relativamente inactiva (períodos de invernada), las obreras pueden vivir hasta seis meses, pero cuando la colonia está activa, pocas obreras viven más de 55 a 60 días. Durante estos períodos de actividad, pasan tres semanas dentro de la colmena y el resto como recolectoras. En las razas tropicales occidentales y orientales, la duración de la vida de las obreras es aún más corta.

La abeja de invierno vive de 5 a 6 meses. Viven más tiempo en épocas frías porque el número de abejas que nacen es nulo o casi nulo, puesto que la reina no pone huevos en esta etapa y por lo tanto deben sobrevivir hasta que empiecen a nacer nuevas abejas, para que la colonia sobreviva. Tienen menos desgaste físico porque no alimentan ni van a buscar alimento, pero tienen que estar bien alimentadas para mantener el calor interno del nido de cría, que es de una temperatura aproximada de 28 a 34 grados.

La obrera adulta emerge de la celda 21 días después que se ha puesto el huevo. Se crían en la misma clase de celda que se usa para almacenar la miel y el polen. Este tipo de celda constituye la mayoría del panal en la colonia. Las capas de las celdas obreras selladas son opacas, porosas y planas.

Cuando una colonia está sin reina y no hay ni larva joven ni huevos de hembra para criar una nueva reina, se pueden llegar a desarrollar obreras ponedoras. Por falta de *sustancia de la reina* los ovarios de algunas de las obreras se desarrollan y comienzan a poner huevos, pero como las obreras no tienen ni la estructura física ni el comportamiento necesarios para la fertilización, todos los huevos quedan sin fertilizarse y producen zánganos.

Por esto es que si en una colonia hay un número excesivo de zánganos se puede sospechar que contiene obreras ponedoras. Esto se verifica examinando detalladamente el panal del nido de cría. Como una buena reina pone sólo un huevo en cada celda y lo coloca siempre en el centro de la base de la misma, si se encuentran celdas de obreras que contienen cría de zánganos (celdas de obreras operculadas) y otras que contienen un número de huevos (4 a 6) colocados de manera desordenada pero no en el fondo de las celdas sino pegados a las paredes de éstas, está confirmado que allí son obreras las que están aovando.

Los zánganos

El cuerpo de los zánganos, los machos de la colonia, es más grande que el de la obrera o la reina. Sus ojos son grandes y cubren prácticamente la cabeza entera. El abdomen es más cuadrado y su extremo es obtuso y cubierto con un penacho de pequeños pelos. Nacen de huevos sin fecundar (la reina puede controlar la fertilización del huevo cuando lo pone).

El período de desarrollo de los zánganos es de 24 días. Se crían en celdas del mismo tipo que las de las obreras, solo que más grandes.

Además de fecundar a la reina, sus funciones en la colonia son bastante discutidas pero se piensa que ayudan a mantener el calor en la colmena.

Dado que el aguijón de una abeja es una modificación genital de la hembra, los zánganos no tienen aguijón y por consiguiente no pueden aguijonear. Tampoco tienen las estructuras necesarias para la colección del néctar y el polen.

Una colonia fuerte puede contener como 300 zánganos. Pero durante períodos de escasez, las obreras echan a los zánganos de la colonia. Entonces mueren, porque no tienen la capacidad de conseguirse y procesar alimentos por sus propios medios.

La fecundación de la abeja reina ocurre fuera de la colonia y en el aire. Cuando hay buen tiempo, los zánganos maduros salen de la colonia y se congregan en ciertos sitios donde esperan el vuelo de las reinas.

El papel de las abejas en la agricultura

Como resultado del avance científico y tecnológico en el mejoramiento genético, el control de plagas, enfermedades y malezas, y en el manejo del agua y fertilizantes, con el paso del tiempo se ha logrado un incremento de la productividad de las tierras cultivadas. Pero a pesar de estos avances, el aumento en la productividad no podría haberse logrado si no hubiese sido satisfecha la necesidad de la polinización de insectos en cultivos que así lo requieren.

La polinización hecha por las distintas especies de abejas constituye una parte poco visible, pero vital del sistema moderno de producción de alimentos en escala comercial. Pocas personas, sobre todos los consumidores, son conscientes del papel que estos animales juegan en la obtención de productos alimenticios variados y de buena calidad a partir de cultivos dependientes de polinización.

Estos cultivos, base de cientos de alimentos, son básicamente:

- Cítricos.
- Frutas.
- Legumbres.
- Alfalfa y tréboles.
- Grasas y aceites extraídos de plantas que se benefician o dependen de la polinización hecha por insectos, entre ellos:
  - el algodón
  - el maní
  - la soja
  - el girasol

Para reforzar la idea de la importancia de esto: un tercio de los alimentos que se consumen en Estados Unidos están directa o indirectamente relacionados con plantas polinizadas por insectos, sobre todo por abejas.

Para cubrir las necesidades de la población y a la vez generar un crecimiento de las economías de cada país y en particular las regionales, el mundo actual tiende a la producción de alimentos en mayor cantidad y libre de contaminantes. La polinización aumenta las cosechas sin dañar el ambiente. Por el contrario, equilibra el ecosistema, asegurando la supervivencia de la flora y fauna.

Es por ello que la presencia de abejas en un campo debe ser bienvenida siempre y sin excepción.

Una clave de la apicultura: el espacio de tránsito

Con frecuencia las abejas hacen sus nidos en alguna grieta, poniendo los panales en la parte superior. Las colmenas de abejas silvestres muchas veces están fuera del alcance de la persona que quiere cosechar la miel; y aunque así no sea, usualmente es necesario destruir la hendidura y los panales para cosechar los productos de esa colmena.

Como el manejo de la colmena se basa en la manipulación de los panales —para inspeccionar su condición y ajustar las necesidades de espacio de la colonia—, el requisito primario de la apicultura es presentar un sistema práctico que permita quitar y reponer los panales con facilidad y sin destruirlos.

El "espacio de tránsito de la abeja" permite la construcción de colmenas que faciliten quitar y reemplazar panales. Saber manejarlo es también necesario para construir colmenas que separen el nido de cría de los almacenes de miel, permitiendo la entrada independiente a cada área.

El espacio de tránsito se define simplemente como el espacio que necesita la abeja para pasar con comodidad entre paredes, estimado en 7,5 mm + 1,5 mm para la abeja occidental, y en algo menos para la oriental. En pocas palabras:

- Si el espacio entre dos superficies es muy pequeño para que pasen, las abejas lo cierran con propóleos.
- Si el espacio es más grande de lo que necesitan, allí construyen panal.
- Cuando el espacio entre dos superficies de la colmena es del tamaño correcto lo dejan libre para usarlo como espacio de tránsito.

Si se observan los enjambres naturales, puede comprobarse que las abejas construyen sus panales dejando un espacio para poder transitar entre ellos. Este espacio, llamado "paso de abejas" cumple funciones específicas y constituye una necesidad para la colonia.

El pasillo entre panales puede ser amplio y uniforme, dando lugar a panales paralelos que guardan esta distancia de forma regular, o bien reducirse a túneles o pasos más estrechos en lugares más recónditos o no tan visitados por las obreras.

Se puede establecer en por lo menos de 4 a 5 milímetros el espacio mínimo que una abeja necesita para transitar entre los panales. El espacio propuesto por Langstroth (véase más abajo) equivaldría aproximadamente al paso de 2 abejas superpuestas, es decir, una capa de abejas en la cara de un panal y otra capa en la cara del panal adyacente. Las abejas suelen respetar de forma natural esta distancia en los panales del nido de cría, donde parece que el paso de abeja es una exigencia vital: tráfico intenso de abejas para alimentar a la cría, procurar una ventilación adecuada y mantener la temperatura del nido.

Entre los panales dedicados a almacenar miel, sin embargo, no se suele verificar la distancia propuesta por Langstroth. En este caso, la tendencia natural, sobre todo en épocas de buen flujo de néctar, es almacenar la mayor cantidad de miel en el menor espacio posible. Para ello, las abejas suelen elevar las paredes de las celdas de los panales de forma que éstos se ensanchan hasta que en el límite pueden quedar a 5 o 6 mm uno de otro, distancia que sería el espacio mínimo para permitir el tránsito de una sola capa de abejas. Esto es posible porque la conservación de los panales de miel madura no requiere tantos cuidados de las obreras de la colmena.

Una construcción que respeta el espacio de tránsito de la abeja resulta en una colmena que facilita el traslado y el reemplazo de los panales. El Reverendo Lorenzo Langstroth, de Philadelphia, fue la primera persona que incluyó el espacio de tránsito de la abeja en la construcción de colmenas. Actualmente su colmena se usa en la apicultura de alta tecnología.

Una idea brillante que revolucionó la apicultura

Aunando las ideas del "paso de abeja" con los marcos móviles, el americano Lorenzo Lorraine Langstroth revolucionó la apicultura hacia 1851, diseñando el prototipo de las colmenas modernas. Con el trabajo de Langstroth nació la apicultura tal como se la entiende hoy en día.

Langstroth percibió la trascendencia de su idea desde un primer momento. Ya en el otoño de 1851 escribió en su diario:

"Pensando, como yo había hecho a menudo, en cómo podía salvar la desagradable necesidad de cortar los anclajes de los panales a las paredes de las colmenas, y re-

chazando por razones obvias la opción de ajustarlos a estas paredes, vino a mi mente la idea evidente de usar el mismo espacio de abeja que se usaba en las pequeñas alzas para miel, y en un momento los marcos móviles suspendidos, mantenidos a una distancia adecuada uno de otro y de la caja que los contiene, se hicieron realidad. Viendo por intuición, como había sido, el fin del comienzo, apenas pude contenerme de gritar mi eureka *en las calles".*

Amalgamando conocimientos e inspiración, Langstroth elaboró la luminosa idea de usar los marcos móviles y el paso de abeja en el diseño de una colmena. Aficionado como era a la apicultura y habiéndose hecho eco de los últimos avances —tanto técnicos como en la biología de la abeja melífera—, aplicó a la cámara de cría un concepto que ya se había usado en las alzas de miel y estableció una distancia de unos 9,5 mm para separar los marcos de las paredes de la colmena y entre ellos.

Desde entonces, este espacio o *paso de abejas* fue el eje principal en la construcción de las colmenas movilistas modernas.

Langstroth diseñó su colmena con marcos móviles de tal manera que éstos iban encajados en el cuerpo y separados por esa distancia antedicha de 9,5 mm. También se podían añadir más cámaras o alzas en la parte superior, de tal forma que entre el borde inferior de los marcos del alza y los cabezales del cuerpo inferior se respetara esta distancia.

Se comprobó que, en general, las abejas respetaban esta distancia, con lo cual el éxito fue completo.

Una vez construidos los panales en el espacio interno de los marcos, no se añadían puentes de cera ni panales de refuerzo entre ellos, con lo cual el apicultor podía extraer los panales sin romperlos. Se abría la posibilidad al intercambio de panales entre distintas colmenas, y se podían observar los panales de cría o de miel y luego colocarlos en su lugar original sin más quebrantos para la colonia de abejas.

Este diseño de colmena, como es evidente, fue revolucionario. Marcó el inicio de una nueva etapa en la apicultura, que pasó de ser eminentemente "fijista" a una tendencia *movilista* y moderna.

El esquema concebido por Langstroth, en realidad, se aplica a las cámaras de cría, mientras que para las alzas o cámaras de miel se aplica otro. En el mismo espacio que ocupan 10 marcos en un cuerpo de cría, en el alza de miel se colocan 8 o 9 marcos, de tal forma que las abejas pueden construir panales engrosados en estas alzas de miel hasta que quedan virtualmente a unos 5 mm de distancia.

Este método permite grandes ventajas para el apicultor: cosecha más miel y más cera con menos panales y además éstos, al estar ensanchados y salirse del marco de madera, pueden desopercularse con mucha mayor facilidad y con más satisfacción para el apicultor.

Complementos imprescindibles

El diseño básico de esta colmena se extendió por todo el mundo y, aunque dio lugar a multitud de variantes —tanto en las medidas de los marcos como en el número de ellos o en el aspecto externo del cuerpo—, todos los apicultores adoptaron y respetaron la regla del "paso de abeja".

Por aquel tiempo ya se habían logrado grandes avances, tanto en las técnicas apícolas como en el conocimiento biológico de la abeja melífera. Un apicultor ucraniano, Prokopovich, ya hacia 1806 diseñó una colmena que puede considerarse antecedente de la de Langstroth. También es cierto que la idea de que las abejas necesitaban un espacio de paso entre los panales ya había sido indicada bastante antes por Huber y otros naturalistas.

Al principio se diseñaron colmenas con panales adheridos a listones que permitían cierta movilidad, pero sin grandes posibilidades. También se había incorporado la idea del panal encajado en un marco, pero sólo se utilizó en las pequeñas alzas superiores reservadas para el almacén de miel y no en los cuerpos o cámaras de cría. De todas formas, estos logros, todavía inconexos, iban sacando a la apicultura del largo letargo al que la sometiera el uso de colmenas de panales fijos.

Se verifica por aquellas épocas la aparición de elementos que también serían pilares de la apicultura *movilista* moderna, todos los cuales siguen plenamente vigentes en la actualidad, con muy pequeños cambios.

Hacia 1857, Johannes Mehring incorporó la matriz para fabricar láminas de cera estampada, lo que permitió que los paneles móviles pudieran ser extraídos del alza sin romperlos.

En 1865 Franz von Hruschka construye por primera vez un extractor centrífugo de miel, que permitía al apicultor extraer la miel de los panales sin dañarlos, dejándolos aptos para ser utilizados otra vez. Con este elemento se impulsó notablemente la rentabilidad de la extracción de la miel.

En otra importante contribución que aún hoy rinde frutos, en 1875 Moses Quinby inventa el ahumador, tal como todavía se lo conoce y utiliza.

CAPÍTULO III

CÓMO INSTALAR Y MANEJAR SU APIARIO

Para escoger un sitio para el apiario hay que balancear las necesidades de las abejas con los sitios disponibles, lo cual limita a veces la elección.

Además de fuentes cercanas de néctar y polen, debe haber en las cercanías agua limpia. Esto reduce el esfuerzo necesario para la búsqueda de agua de la colonia.

EL SITIO ADECUADO

Al pensar en la instalación del apiario para la cría de abejas y la explotación de los productos apícolas, hay que tener en cuenta una serie de factores. Éstos son:

1) La vegetación:

La capacidad melífera de la vegetación del área geográfica en la que se instale el apiario tiene gran importancia, obviamente. La carga apícola se establece según las condiciones de vegetación. Hay que observar la presencia de árboles floríferos y buenas floraciones silvestres; lo ideal son zonas de flora variada, intensa y escalonada. Se tendrá también en cuenta el clima, es un factor muy importante. Cuanto más regular sea la temperatura y menos frecuentes los vientos persistentes, mayores posibilidades tienen las abejas de cosechar más. De acuerdo con lo observado, convendrá iniciarse con una cantidad menor de colmenas que las que su optimismo le haga calcular, nunca debe llegar al máximo; el número de colmenas lo aumentará o no paulatinamente. Como regla general vamos a recordar que rinde más cosecha una zona de floración prolongada aunque no tan intensa, que una flora abundante pero de corta duración.

2) Orientación de las colonias:

La más frecuente es Noreste, en función de los vientos dominantes. El viento excesivo dificulta la salida y entrada de abejas a la colonia. Una colmena aireada en exceso puede afectar a las crías provocando su muerte por enfriamiento. La piquera tiene que estar orientada en dirección Noreste o en función de los vientos dominantes. El sol llega más temprano al interior de la colmena y esa iluminación de la piquera incita a las abejas a salir más temprano.

3) Colocación:

La colonia se debe aislar del suelo (al menos a una distancia de unos 40 cm) para evitar humedad y limpiar zonas de malas hierbas para evitar los posibles enemigos. Las colmenas se deben disponer horizontalmente respecto al suelo con una cierta inclinación (alrededor de unos 5 cm). De esta forma se favorece que no entre agua cuando llueve y se ayuda a las abejas limpiadoras a arrojar partículas extrañas fuera de la colonia. La separación entre apiarios debe ser de 3 kilómetros para la producción de miel, y de 5 kilómetros para crianza de reinas.

4) Disponibilidad de agua:

Hay que tener en cuenta la disponibilidad de agua en las cercanías. Las necesidades medias son 45 cc por colmena por día en invierno, cantidad que sube a 1000 cc en verano. Si no existe agua cerca hay que disponer de bebederos.

El sitio escogido para el apiario debe tener buena circulación de aire para que no quede húmedo por largos tiempos después de lluvias. Los sitios ubicados bajo árboles altos frecuentemente sirven para apiarios porque se secan rápidamente después de la lluvia y no tienen demasiado sombra. Evidentemente, hay que evitar las áreas propensas a las inundaciones.

Las colmenas no deben estar a pleno sol durante las horas calientes, ni tampoco en la sombra completa. El sitio ideal recibe sol por la mañana para que las abejas vuelen temprano, y sombra por la tarde para reducir el número de abejas necesarias para la ventilación de la colmena y la búsqueda de agua.

Se pueden plantar árboles o arbustos que crecen rápidamente para proveer sombra al apiario. Para esto se deben escoger plantas melíferas. En muchos sitios es útil el ricino, los frutales, los cítricos.

También se deben evitar sitios con vientos fuertes constantes. Los vientos son un obstáculo al vuelo de las abejas.

En sitios sin árboles se pueden construir resguardos cubriendo las zonas más ventosas con nylon o chapa.

Para tener en cuenta

Las consideraciones previas para escoger un sitio donde instalar el apiario son:

- Fuentes de néctar y polen cercanas
- Fuentes de agua cercanas
- Suficiente sombra
- Circulación de aire
- Árboles que sirvan de cortavientos
- Protección y control del vandalismo
- Protección para la gente y el ganado de las cercanías
- Protección para incendio e inundación
- Un sitio fácilmente asequible para el acceso
- El uso de insecticidas en las cercanías

En un proyecto de pequeña escala frecuentemente es difícil evitar poner sitios de apiarios cerca de las casas vecinas. Esto puede ser un factor limitante a la apicultura, ya que pueden ocurrir accidentes porque la gente y los animales pueden ser aguijoneados severamente. Este riesgo se puede reducir con hileras de arbustos entre las colmenas y separando las colmenas de las casas. Un regalo de miel a los vecinos de vez en cuando también ayuda a reducir sus quejas por posibles picaduras.

El plan del apiario es importante para ayudar a satisfacer las necesidades de las abejas y para facilitar el trabajo del criador.

En muchos lugares es necesario poner las colmenas sobre plataformas, para proteger a las abejas de hormigas y sapos. Los soportes se meten dentro de latas de aceite quemado de automóvil para que no suban las hormigas. Hay que inspeccionar periódicamente para asegurarse de que el aceite no se haya derramado con las lluvias o que no estén los soportes cubiertos de polvo. Poner ceniza fresca alrededor de los soportes también aleja a las hormigas, pero hay que volver a untarlos con frecuencia.

Para reducir el problema de las hormigas también es útil cortar las hierbas del apiario, ya que las hierbas altas les pueden servir de puentes a las hormigas y arañas para cruzar a la colmena.

Si no existe una fuente natural de agua para las abejas dentro de un radio de un kilómetro, se puede colocar en el apiario un abrevador con piedras o pedazos de leña flotadoras para que las abejas no se ahoguen.

El distanciamiento de las colmenas es una cuestión importante. Se debe evitar situar las colmenas cercanas una de otra y en hileras largas, porque de este modo el resultado sería la deriva y confusión de abejas entre colonias. La deriva de abejas puede contribuir a la transmisión de enfermedades.

Si disponemos de espacio libre bastante amplio, una disposición adecuada sería colocar las colmenas en caballetes de a 3, no más de 5 colmenas.

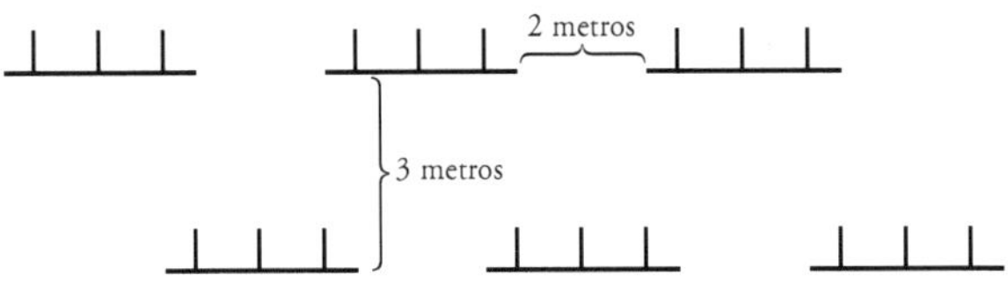

Tienen que tener una distancia al suelo de 40 cm como mínimo, y una caída hacia adelante de 5 cm.

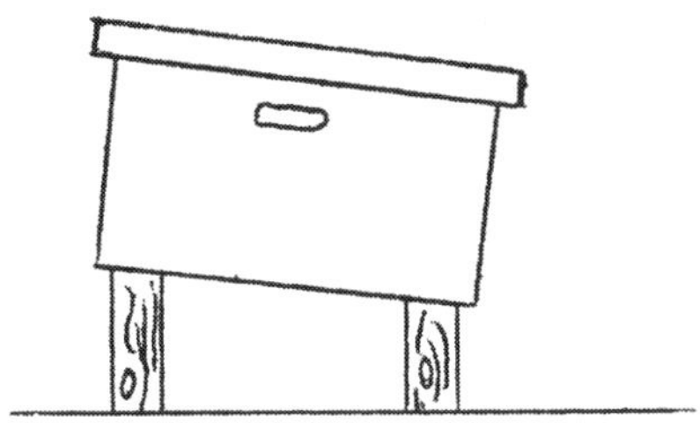

El terreno donde se instalen las colmenas será llano, seco, de buen drenaje para evitar las aguas estancadas.

Los colmenares deben estar lejos de calles muy transitadas o de rutas.

Para evitar la deriva, las hileras de colmenas se deben quebrar con lindes como árboles y arbustos, y también se puede variar la orientación de sus entradas.

Las colmenas deben estar separadas lo menos 45 cm de distancia, e inclinadas un poco hacia la entrada para ayudar que la colonia saque residuos que caen a la base. Esta inclinación también sirve para que el agua de lluvia no entre.

La colocación de las colmenas debe permitirle al apicultor manejarlas por detrás. Al no interferir con el vuelo de las obreras, esto excita menos a la colonia. También le permite al apicultor ahumar la colonia sin alertar a las abejas guardianas de la entrada.

Un tema vital: la humedad

Es imprescindible que las colmenas estén protegidas del frío y las corrientes de aire, que generan por oposición humedad dentro de éstas en el invierno. Las consecuencias —moho, hongos y bacterias— son muy perjudiciales. Incluso, la humedad puede llegar a provocar en las abejas *disentería,* una forma de diarrea que produce un trastorno fisiológico grave. Hay formas de evitar esto. Algunos apicultores colocan una guarda-piquera que tiene una abertura en los extremos de 1,5 cm provocando una rotación a las corrientes de aire dentro de la cámara de cría que mantiene aireado el resto de la colmena. Esto es para el invierno.

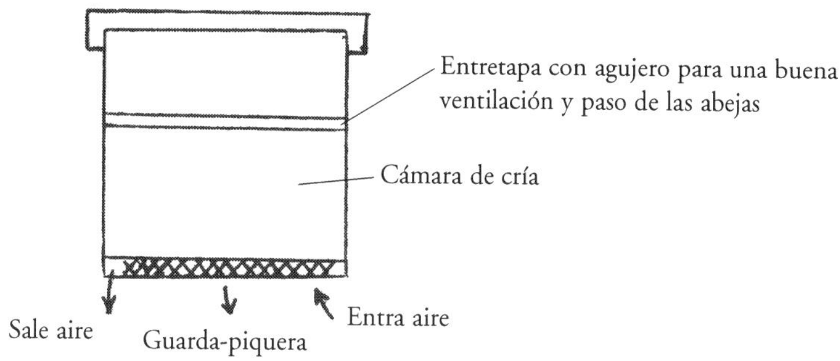

Pero la humedad también es generada por el mismo ambiente interior de la colmena. Es provocada por las abejas cuando metabolizan el alimento —equivale a 1 litro de agua por cada kilo de miel consumida. Por eso tienen que estar bien ventiladas, especialmente en verano.

Para una mayor ventilación se puede hacer una perforación de 2 cm de diámetro en la parte de atrás del alza melaria, en la parte frontal superior; o bien se pueden separar las cámaras melarias unos pocos milímetros.

1)

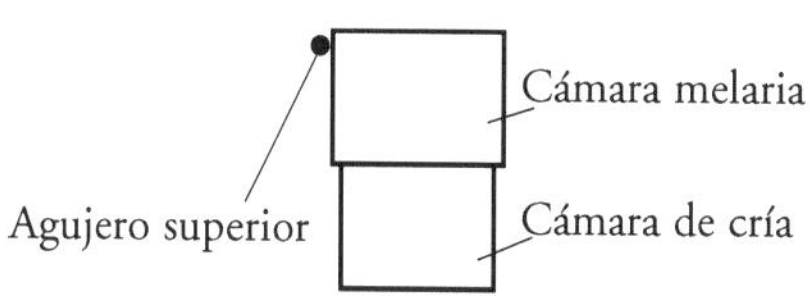

2)

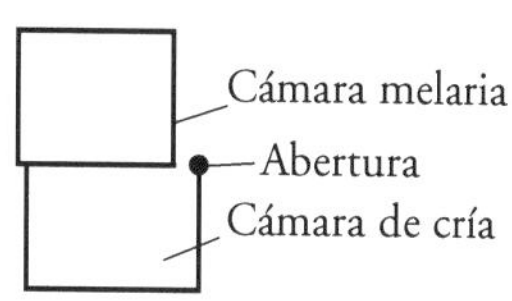

Otro método de ventilación consiste en colocar cuñas de madera entre la entretapa y la cámara de alimentación, lo cual provoca un tiraje de ventilación.

CAPÍTULO IV

LA COLMENA

En apicultura, colmena es el espacio construido o dispuesto por el hombre como albergue del enjambre de abejas. Son viviendas artificiales que pueden ser fundamentalmente de madera, corcho, paja trenzada, plástico o cerámica. Actualmente predominan las construidas a base de madera.

Dentro de una colmena se distinguen varias partes:

Piso: Es la parte baja de la colmena, donde se pueden situar la apertura por la cual las abejas entran y salen, y el tablero de vuelo. Para mayor resistencia se aconseja que sea de madera dura.

Alzas: Cajones compuestos en su interior con cuadros o panales. Cada una tiene diez cuadros de madera, cada uno con una lámina de cera que sirve una vez que las abejas la han labrado para el depósito de polen, miel y crías. La madera puede ser más blanda que la del piso (pino o álamo).

Entretapa: Se coloca sobre el alza. Permite conservar el calor. El marco es de madera dura y el resto es de hartford y tiene un pequeño agujero que sirve para la ventilación.

Rejilla excluidora: Es para evitar el paso de la reina. Se utiliza para realizar trabajos de crianza de reina y/o para la cosecha. Techo: es de chapa y madera dura. La chapa es para evitar el paso de agua.

Guarda-piquera: Se coloca en el piso, en la entrada de las abejas, llamada "piquera". Se coloca en épocas de frío para conservar el calor.

Colmenas de cuadros movibles Langstroth

Son las usadas en la apicultura moderna de alta tecnología. En estas colmenas las abejas construyen panales en cuadros que contienen una base de cera estampada. La base sirve como guía para asegurar que las abejas construyan panales derechos centrados en los cuadros.

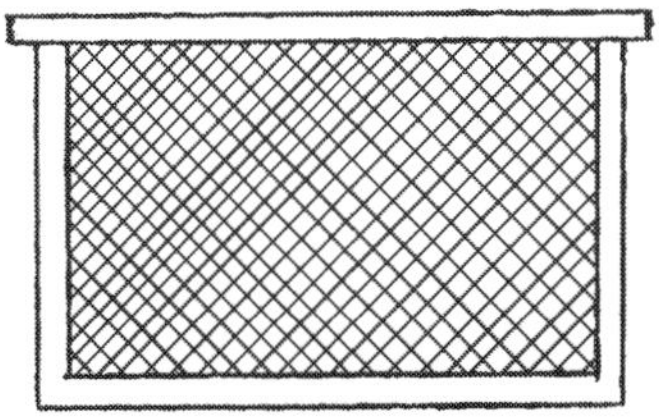

CUADRO CON PANAL

Estas colmenas están construidas con un espacio de tránsito entre un cuadro y otro, y entre los cuadros y el alza que los contiene. Es una construcción detallada que requiere madera de buena calidad.

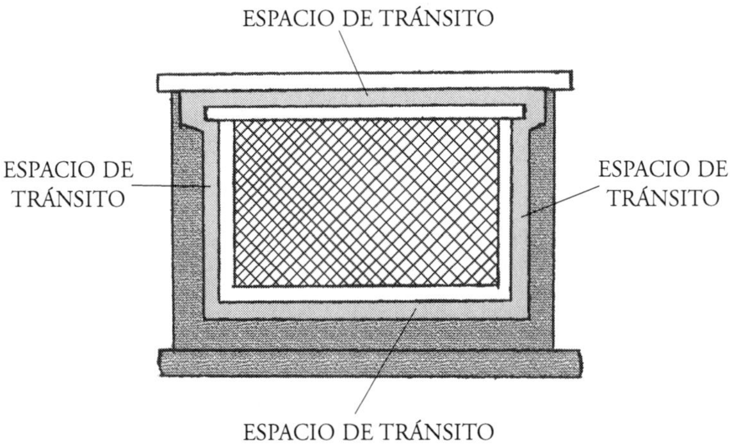

Como hay un espacio de tránsito entre las partes superiores de los cuadros que deja pasar las abejas, para la construcción de una colmena se usan varios cuadros. Habitualmente se usan dos alzas (el cuerpo de la colmena) para formar la cámara de cría. Las alzas encima de éstas se llaman melarios, y sirven para almacenar la miel. La construcción de estas alzas es idéntica. Los nombres diferentes vienen de la posición en la colmena y el uso.

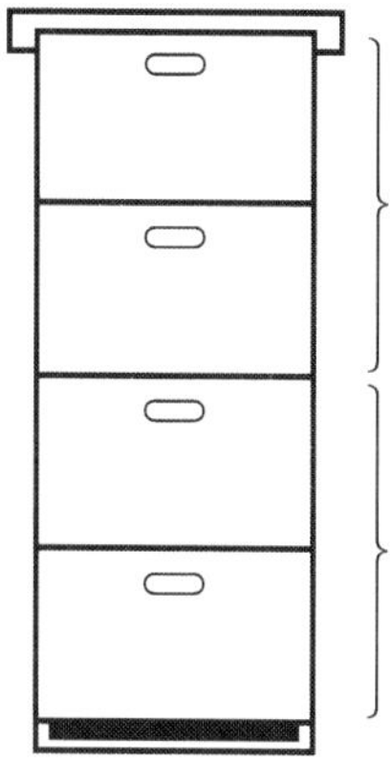

Este tipo de colmena permite el uso de técnicas de manipulación e intercambio de panales. No sólo se pueden mover los panales, sino las mismas alzas.

VENTAJAS DE LA COLMENA CUADROS MOVIBLES:

- Los panales se pueden sacar fácilmente, inspeccionarse e intercambiarse porque están construidos dentro de los cuadros.
- Los panales de miel se pueden quitar, la miel se puede extraer con centrifugación, y los panales vacíos pueden ser devueltos a la colonia. Esto aumenta la producción de miel porque las abejas no tienen que gastar energías en la construcción de panales nuevos.
- Como son silos los panales de miel que se sacan la calidad de la miel es alta.
- Los panales están seguramente pegados al cuadro. No se necesita tanto cuidado para sacar e inspeccionar los panales para que no se rompan, y se pueden trasladar las colonias con poca quebradura de panales. Esto permite la práctica de la apicultura migratoria, es decir, el traslado de colonias para aprovechar las afluencias de néctar de otros lugares.
- El espacio de la colmena se puede aumentar al plano vertical añadiendo alzas superiores. Esto aumenta la tendencia natural de la abeja de aumentar el nido hacia arriba.
- Se pueden usar fácilmente para la producción del polen o para la crianza de reinas.

EL EQUIPO

Además de la colmena, hay varios elementos que son indispensables para la apicultura.

Material apícola

Para el manejo de colmenas se necesitarán:

- *Ahumador:* recipiente que permite echar humo para que las abejas se vuelvan menos agresivas y poder trabajar en la colmena con mayor comodidad.
- *Palanca:* pinzas para levantar los cuadros de la colmena.
- *Cepillo:* sirve para cepillar o apartar a las abejas de los cuadros extraídos.
- *Vestimenta especial:* mono, careta y guantes.

En tanto que para la extracción de miel se necesitarán:

- cuchillo para desopercular
- batea para desopercular
- extractor de miel
- tanques de decantación
- tanques para miel

Otros materiales necesarios pueden ser:

- estampador de cera
- cera estampada
- alambre
- alimentadores
- material para la cría artificial de abejas

Las ropas del apicultor

Si el apicultor lleva vestimentas apropiadas se protege de los aguijonazos. El uso correcto de un ahumador ayuda a controlar las abejas. La palanca le permite al apicultor despegar los cuadros suavemente, reduciendo la molestia para las abejas.

Un velo es lo mínimo que se debe usar como vestimenta protectora; para el novicio es una necesidad, y le ayuda a sentirse más seguro.

Los velos se pueden hacer de malla de metal o de plástico, malla de nylon, o alambre tejido. Usualmente se coloca sobre un sombrero de ala grande que lo mantiene separado de la cara y el cuello. Para pegarlo al sombrero se usa elástico. La malla del velo debe ser de color oscuro. Así limita el reflejo, y ayuda a ver cuando se trabaja a pleno sol.

La parte de abajo del velo debe tener un hilo suficientemente largo que se cruce en el pecho, dé la vuelta a las espaldas y se ate enfrente. Las abejas revueltas tienen una gran habilidad para encontrar la más mínima abertura en un velo.

Los guantes no se necesitan si las abejas no son agresivas y si se controlan fácilmente. Trabajar con guantes a veces estorba, pero se deben tener cerca por si se llegan a necesitar. Como el velo, los guantes ayudan al apicultor principiante a sentirse más seguro.

Los guantes pueden ser de cuero o de alguna tela gruesa de un color claro. Si suben hasta el codo y se aprietan con un elástico, ofrecen protección para las muñecas.

La vestimenta debe ser suelta y de una tela de color claro y de tejido liso. Las abejas tienen tendencia de enredarse en telas de tejidos vellosos, lo cual las excita.

El cuello de buzo ayuda a apretar la parte inferior del velo. Los puños de los pantalones se pueden meter dentro de las medias o atar con una cinta o un elástico.

El ahumador

El ahumador se usa para producir humo que causa que las abejas coman miel, reduciendo la tendencia a volar y picar. El humo también les provoca huir del sitio donde el apicultor está trabajando.

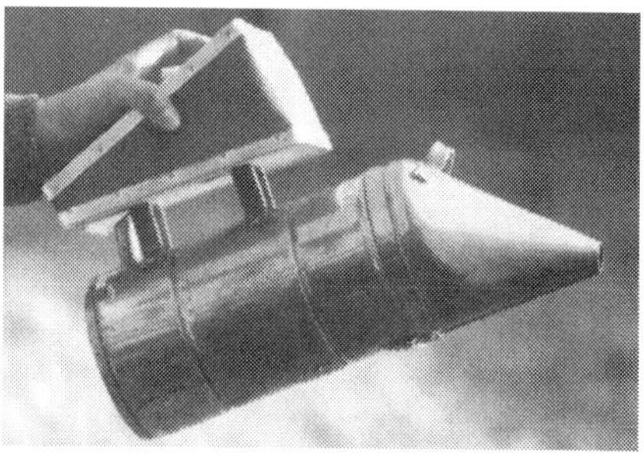

El ahumador consiste en un depósito cilíndrico para el combustible con una reja para contener el material ardiente, una extremidad para dirigir el humo, y un fuelle. El depósito debe cargar suficiente leña para no tener que ser llenado frecuentemente durante las operaciones.

El combustible ideal para el ahumador es uno que se mantiene prendido, se quema lentamente y produce un humo frío y blanco. Según lo que haya disponible, cada apicultor tiene su combustible de preferencia. Algunos materiales usados para combustible en ahumadores son: corteza, arpillera, pedazos de cartón, aserraduras, madera podrida, hojas secas o de pino, etc. Si estos materiales están un poco húmedos, se consumen más despacio y producen un humo menos caliente y más claro.

Los trozos de leña y el carbón producen demasiado calor. Las cenizas pueden quemar a las abejas y contaminar la miel. No se deben usar materiales sintéticos ni derivados de petróleo, porque producen un humo oscuro e irritante e incluso pueden matar a la abeja.

Nunca hay que dejar que el combustible se consuma dentro del ahumador. Si se vacía al terminar cada maniobra, se evita el daño al depósito por causa de calor excesivo. Hay que cuidarse de no iniciar incendios con las cenizas del ahumador. Tampoco se lo debe dejar a la intemperie, expuesto a las lluvias.

CÓMO PRENDER EL AHUMADOR

1) Arrugue un trozo de diario, préndalo, y métalo dentro del depósito. También se puede usar carbón o cenizas para prender el ahumador.
2) Trabaje el fuelle varias veces. Cuando salen llamas, añada poco a poco el combustible y continúe trabajando el fuelle.
3) Cuando el combustible comienza a quemar, lentamente llene el depósito. Continúe trabajando el fuelle hasta que el combustible se quede encendido. Nota: No compacte el combustible en el depósito porque así no se queda prendido.
4) Cuando esté lleno el depósito, ponga unas hojas verdes o pasto encima para refrescar el humo.
5) Cierre el ahumador.
6) Trabaje el fuelle periódicamente durante su trabajo en el apiario para que el ahumador se mantenga encendido.

La palanca

Es otro compañero constante del apicultor. Es un instrumento que puede ser plano de metal, o también una pinza levanta-cuadros, que se usa para despegar las partes de la colmena y para raspar los excesos de propóleos y cera. Algunas tienen un extremo doblado para raspar y un hueco para quitar clavos.

Cómo conseguir las abejas

Donde se usa la apicultura de alta tecnología se compran las abejas empaquetadas o en núcleos. Un paquete de abejas es una caja de alambre que contiene obreras y una reina en una jaula. Se venden por peso. Un núcleo es una colonia pequeña. Contiene abejas adultas y cuadros con panales de cría y de miel.

Si las abejas se consiguen comprando núcleos, si es posible éstos deben ser de una zona cercana al lugar o con características similares al lugar de la ubicación final. Esto se aconseja para que la abeja no sufra cambios climáticos o problemas derivados de acostumbramiento, recolección, etcétera.

Se pueden capturar enjambres naturales, pero con éstos hay que tener cuidado porque no se conoce a ciencia cierta cómo se originaron, ni genética ni sanitariamente. Por eso, si se tienen otras colmenas, un enjambre capturado se debe separar para poder curarlo y hacer el cambio de reinas. Tienen que estar alejados a una distancia mínima de 3 kilómetros. Para evitar cualquier contagio, una vez curado se regresa al apiario en producción.

La otra alternativa es sacudirlas enfrente de la colmena para que corran dentro. También es posible cubrir el enjambre con un saco grande, sacudir la rama para que queden dentro del saco y así trasladarlas a la colmena.

Si el enjambre está agrupado en una rama alta, hay que cortarla y bajarla con una soga, con mucho cuidado. Entonces se recoge el enjambre en algo plano —una madera o un cartón— y se echan las abejas dentro de la colmena, o se pone el alza debajo para que caigan dentro.

Si es recién salido, el enjambre no se presenta agresivo, porque tiene un buche melario lleno para abastecerse de alimento ya que no sabe cuánto tiempo va a estar fuera de su nueva morada.

También se puede sacudir el enjambre sobre una tela en el suelo enfrente de la colmena. La tela protege a las abejas del polvo y evita que se enreden en la hierba.

CAPÍTULO V

EL CLIMA Y LA APICULTURA

Para entender la relación del clima con la apicultura es necesario entender conceptos relacionados con las abejas y su medio ambiente, como lo son la afluencia del néctar y el polen.

La afluencia del néctar es una función de las plantas. Se refiere a la cantidad y la calidad de azúcares disueltas del néctar secretado por la planta. La afluencia de néctar en un sitio y en un tiempo específico depende de las especies de plantas y los factores climáticos que las afectan. Estos factores y la composición del terreno determinan la flora de un lugar, afectando a la afluencia potencial de néctar. Lluvia, temperatura y sol afectan a la flora y determinan la afluencia del néctar.

Algunas especies de plantas segregan muy poco néctar, mientras otras secretan cantidades copiosas. La calidad o contenido de azúcar del néctar varía entre las diferentes especies de plantas. El clima también afecta a la cantidad y calidad. Mucha lluvia causa más secreción de néctar, pero de bajo contenido de azúcar.

Para la mayoría de especies de plantas, las condiciones para la afluencia óptima de néctar incluyen cantidad de lluvia adecuada antes de florecer y condiciones secas y asoleadas durante el período de florecimiento. La ocurrencia y cantidad relativa de períodos secos de sol varía de año en año, y por eso la afluencia de néctar puede ser muy variable. Algunas especies de plantas son menos afectadas por las fluctuaciones climáticas; éstas aseguran segregar buenas afluencias de néctar año tras año. Otras plantas, en cambio, son muy sensitivas a las fluctuaciones, por lo que pueden rendir mucho néctar unos años y no rendir nada en otros.

Las abejas no son atraídas por todas las plantas. La flora nectarífera varía mucho dentro de cualquier zona climática. Factores naturales afectan el medio ambiente, y a veces las personas pueden alterar las posibilidades apícolas de una región con los métodos agrícolas y el modo de uso del terreno. El arrasar grandes áreas de plantaciones (bosques, praderas) y reemplazarlas por monocultivos puede destruir un sitio bueno para las abejas si la cosecha introducida no es ventajosa para ellas.

La identificación de la flora nectarífera es parte integral del conocimiento del apicultor, el cual aumenta con la experiencia.

Afluencia de néctar en los climas templados

En estos climas, las afluencias de néctar son más seguras. Usualmente hay una afluencia principal de una secuencia de plantas que dura varias semanas, normalmente al fin de la primavera y al principio del verano.

En regiones tropicales y subtropicales suele haber una afluencia principal, con varias menores. El criador se interesará en la afluencia principal, que con frecuencia viene después de la estación de mayores lluvias, o después de las primeras lluvias que siguen a un período seco. En estas regiones es más difícil pronosticar las afluencias, puesto que el comienzo y el fin de las lluvias son muy variables de año en año.

La relativa dificultad de pronosticar las afluencias de néctar en los trópicos le hace más difícil al apicultor la preparación de las colonias.

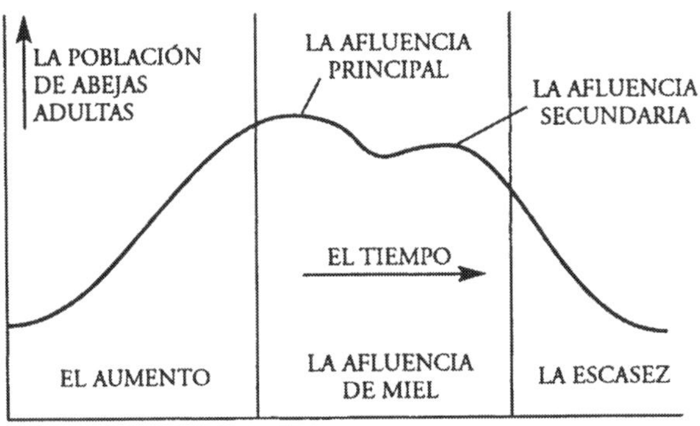

Para producir una máxima afluencia de miel, las colonias no deben aumentar durante la principal afluencia de néctar, sino antes de ésta. Las que aumentan la población durante la afluencia principal de néctar usualmente producen poco excedente de miel para el criador. Como un huevo necesita seis semanas para metamorfosearse en adulta recolectora, la preparación de las poblaciones para la afluencia principal tiene que comenzar de seis a ocho semanas de antemano.

En regiones templadas, la afluencia de néctar varía. Hay zonas más tempranas o tardías, y zonas con escasez de polen; por esto hay que saber cuándo incentivar las colonias.

CALENDARIO APÍCOLA

Es la distribución de tareas que hay que realizar en un colmenar o apiario a lo largo del año. Se suele dividir en tareas de:

1) Primavera-Verano (revisación primaveral):

- Tras la salida de invernada la primera tarea es el reciclado de los panales vacíos.
- A medida que aparece la floración en la zona se va aumentando el volumen de la colonia y su espacio.
- Hay que prevenir la enjambrazón que de forma natural se produce en las colonias. Para ello se debe llevar un control y seleccionar aquellas colmenas con mayor vigor y actividad de pecoreadoras y apelar a la formación de núcleos.
- Se realizan tareas de sustitución de reinas de más de dos años de edad y para evitar la enjambrazón.
- Las reinas de peor calidad son aquellas que tienen baja postura (no alcanzan a 1.200 o 1.500 huevos diarios) y cuya colmena no da buena cosecha. Se las debe sustituir por otra reina que genéticamente tenga mayor calidad.
- Se realiza la extracción de la miel de la colonia, y la eliminación de cuadros con cera vieja.

2) Otoño-Invierno (revisación otoñal):

- Una actividad común es la fusión de colonias. Se llama "fusión" a la manera más práctica de unir colonias, que consiste en colocar entre la colmena fuerte y la colmena débil una hoja de papel de diario. Se deja en el lugar la colmena fuerte, se le saca a ésta el techo y la entretapa, se pone el diario y arriba se coloca la colonia débil (solamente la cámara de cría); previamente se habrá eliminado la reina de la colmena débil. Se deja así unos siete días. Las abejas roen el papel y se unen sin luchar, pues han tenido tiempo de asimilar los olores de ambas familias.
- Se efectúan las tareas sanitarias y curaciones, así como el achique de colonias.
- Inspección de reservas para que la colonia dure durante todo este período.
- Nunca se debe abrir una colmena si llueve o hace mucho frío, ya que se enfriaría el interior; la temperatura debe estar siempre por encima de los 16º C.
- Prevención contra los enemigos de las abejas, como las hormigas.

Con relación al manejo y el clima, los siguientes son los problemas que el apicultor siempre debe enfrentar:

- Determinar la fecha de la afluencia principal del néctar.
- Aumentar la población de las colonias en preparación para la afluencia principal de néctar.

La determinación de la afluencia principal de néctar viene de un buen entendimiento de las abejas y su relación con el medio ambiente. La determinación de la fecha de la afluencia principal se basa en la experiencia personal con el sitio. El apicultor debe observar a las abejas en el medio ambiente.

La siguiente es una lista de datos que ayudan a determinar cuándo se da la principal afluencia de néctar:

- Identificar las plantas del lugar que son mayores productoras de néctar y polen.
- Observar y determinar a cuáles plantas las abejas visitan especialmente, o cuáles atraen mayor número de abejas.
- Conocer las épocas de floración de estas plantas. Tomar en cuenta las condiciones climáticas (presentes y anteriores) que causan buenas afluencias de néctar en estas plantas.
- Tomar apuntes estacionales del aumento y la disminución de peso de colonias que están sobre balanzas.
- Anotar las costumbres agrícolas del lugar (cosechas, uso del terreno, etc.).
- Hablar con otros apicultores. Los antiguos residentes del lugar muchas veces tienen un sentido preciso del ciclo de las afluencias de néctar.

Aunque las abejas por naturaleza aumentan la población durante períodos de fuentes abundantes, el apicultor debe asegurarse de que la población suba a lo máximo antes de la afluencia de néctar o durante ésta, y no después.

Es importante recordar que la cosecha de miel de un año se basa en el cuidado durante la escasez del año pasado.

La esencia del desarrollo apícola es la mejor utilización de las abejas y las plantas nectaríferas.

Cada apiario tiene su límite de colonias según la cantidad de plantas melíferas disponibles; cada apicultor tiene un límite de tiempo para dedicar al cuidado de las colonias. Un proyecto apícola eficaz lógicamente trata de usar ventajosamente las plantas nectaríferas del sitio con un mínimo de colonias bien manejadas.

Hay que tener siempre en cuenta estas ideas fundamentales:

- Muchas colonias mal cuidadas = colonias débiles = *menos miel*
- Menos colonias pero bien cuidadas = colonias fuertes = *más miel*

Los ciclos en apicultura

La apicultura sigue ciclos estacionales. El ciclo anual de la colonia se divide en tres períodos:

- el aumento
- la afluencia de miel
- la escasez

El florecer de las plantas, y aún más importante, la afluencia del néctar, son influidos por cambios climáticos estacionales, a los cuales la colonia responde sensiblemente. Cuando hay abundantes fuentes de polen y néctar, la colonia estimula la postura de la reina y la fabricación de cera para los panales, y su población crece. Cuando las fuentes disminuyen, la cantidad de cría aminora y la población se reduce.

La apicultura implica un entendimiento del ciclo estacional de la colonia y su manipulación de manera que se obtenga una numerosa población adulta coincidente con la afluencia de néctar del lugar. El éxito de esta manipulación resulta en la máxima producción de miel para el apicultor.

Tanto el polen como el néctar son necesarios para estimular las funciones de las abejas. Si sólo hay uno de los dos, la colonia reduce la producción de cría y almacena las entradas de alimentos. Alimentos almacenados mantienen el nivel de producción de cría pero no estimulan su aumento.

Para un nivel alto de cría se necesita una entrada grande de alimentos. Dependiendo de la cantidad que entra en la colmena, las obreras varían la cantidad de alimento que le dan a la reina, lo cual determina su capacidad de aovar. Para controlar la cantidad de cría en tiempos de escasez las obreras también se comen los huevos o la larva menor, o son retirados al exterior.

Colonias de poblaciones pequeñas ponen más énfasis en el crecimiento del nido de cría. Por eso hay que ayudarlas más con un jarabe de azúcar para estimular la postura de la reina y ponerles panales ya labrados para que tengan menos consumo.

La importancia de tener colonias fuertes

Las colonias fuertes son importantes para criadores que quieren usarlas para polinizar cosechas. Para esto es preferible, cuando la cosecha está floreciendo, tener una colonia que esté fuerte pero todavía aumentando la población hacia el punto máximo. Estas colonias tienen mucha cría, por lo cual requieren mucho polen. Por eso las abejas buscan el polen de la cosecha.

¿Qué es enjambrazón?

Se llama así a una división o reproducción natural de la colonia. Cuando una colonia tiene abundancia de medios para alimentarse y ha crecido a un tamaño grande, las obreras construyen celdas reales de enjambrazón. Estas celdas se construyen de la mitad del panal para abajo.

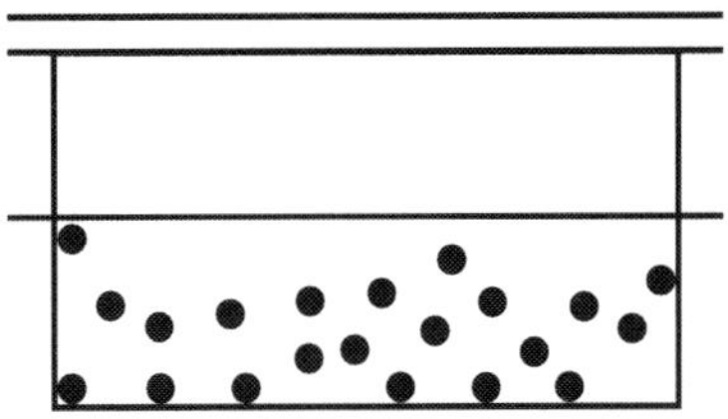

CELDAS DE ENJAMBRAZÓN

Ya labradas las primeras celdas de enjambrazón, se prepara la reina y casi la mitad de la población de la colonia para enjambrar.

Enjambre primario

Pocos días antes de que salga la primera reina virgen, la reina vieja abandona la colonia, seguida por una parte de las obreras y zánganos. La reina vieja se para cerca de la colmena y las demás abejas se agrupan a su alrededor. Entonces mandan exploradores en busca de sitios propicios para una colmena nueva. En algunos días, este enjambre se va al sitio donde va a establecer un nido permanente.

La primera reina que nace busca las celdas para su destrucción, y si dos reinas nacen juntas, se pelean hasta la muerte de una.

Enjambre secundario

Si aún así la colonia todavía tiene una población grande, a veces —en lugar de destruir las celdas— una nueva reina abandona la colonia, seguida por algunas obreras. Es algo similar al primer enjambre, pero en este caso es más pequeño y la reina es todavía virgen.

Enjambrazón natural

La mayor afluencia de néctar puede ser usada con ventaja por el apicultor si durante esa época tiene la máxima población de abejas adultas. Pero esas condiciones también son óptimas para la enjambrazón. Una colonia que enjambra antes de la afluencia de néctar usualmente no produce excedente de miel. En cambio, como la población de la colonia se disminuye a causa de la enjambrazón, la pérdida de abejas hace que a la llegada del mayor flujo de néctar la colonia tenga menos población y no pueda recolectar suficiente para su reserva. Por esto la apicultura eficaz exige mantener la colonia en condiciones al punto de enjambrazón. Pero controlando el enjambre. Es imposible prevenir todos los enjambres, pero con ciertos modos de manejo se puede prevenir la enjambrazón.

Enjambrazón artificial

Consiste en llevar la colmena a un alto punto de crecimiento en cuadros de cría y población para realizar los trabajos de multiplicación.

La multiplicación se realiza en primavera, cuando aparecen los primeros zánganos, ya que éstos son necesarios para la fecundación de las reinas.

Al practicar la división artificial el apicultor obtiene las siguientes ventajas: desmembrará solamente las colonias que considere necesario para preparar las colmenas que quiere obtener, manteniendo la fortaleza de las colonias destinadas a la cosecha de miel. Puede realizar simultáneamente, si así lo quiere, el control y selección de reinas y efectuar la operación en el momento más oportuno.

Para realizar con éxito la enjambrazón artificial deben tenerse en cuenta los siguientes factores: época oportuna, condiciones favorables y las distintas técnicas. Todas las condiciones que favorecen la enjambrazón natural son también favorables para realizar la enjambrazón artificial: congestión de la cámara de cría, temperatura que permita la construcción de panales, buen tiempo para la fecundación de la reina y flujo nectarífero para acrecentar la postura de la reina.

El que practique la enjambrazón artificial por primera vez lo hará en pequeña escala, para adquirir experiencia. El éxito de la operación depende en gran parte de la forma en que equilibre las dos familias.

Una regla práctica es la siguiente:

La familia que lleva la reina fecundada tiene la mayor defensa; por ello llevará menor cantidad de panales con cría y abejas.

Una señal de que ha llegado el momento de dividir y que el principiante puede aprovechar es lo que se llama el "blanqueado de los panales" (producción de cera) y la aparición de los primeros zánganos.

¿A qué se llama "reemplazo de reina"?

Si la reina comienza a fallar en la postura, por ser vieja o por alguna malformación, las obreras construyen "celdas de reemplazo", que se colocan habitualmente en la mitad del panal hacia arriba.

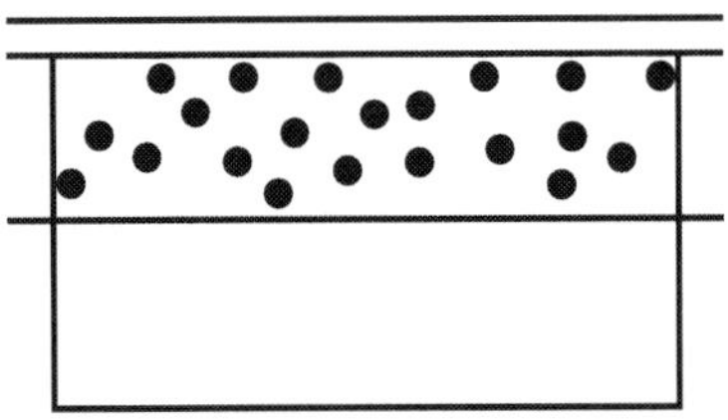

CELDAS DE REEMPLAZO

La reina virgen enfrenta a muerte a la reina vieja; muerta ésta, la reina virgen se fecunda y comienza otra vez el ciclo de crecimiento.

Manejo de las colonias

El fin del manejo de las colonias es ayudarlas a crecer hasta su nivel máximo durante la mayor afluencia de néctar, y a sobrevivir en la época de escasez. Las colonias bien manejadas aseguran el mejor rendimiento para el apicultor.

Manejo de enjambre natural

El enjambre muestra más tendencia a permanecer en una colmena una vez capturado si se le pone un panal con cría abierta. Habiendo colonias establecidas, resulta fácil remover un panal de cría, sacudir las abejas adultas con un cepillo y darle el panal al enjambre.

Se debe cuidar que no se transfiera la reina junto con el panal de cría. El panal con huevos y larva joven le da al enjambre oportunidad de criar una nueva reina en caso de que la vieja haya muerto durante el traslado a la colmena.

Poner un panal de cría dentro de la colmena ayuda a prevenir que el enjambre emigre. Lo que asegura que el enjambre permanezca en la colmena es que la reina esté allí. Si las abejas se agrupan en otro lugar, es porque la reina está en esa agrupación. Entonces hay que volver a sacudir el enjambre ante la colmena.

Enjaular la reina

Si bien no es absolutamente necesario encontrar la reina, poder verla y saber dónde está es siempre una ayuda. Para encerrarla se utiliza una pequeña jaula de alambre.

Hay que tomar la reina por detrás, sosteniéndola por las dos alas, y así guiarla dentro de la jaula. Si se le toma de una sola ala o una pierna, es probable que resulte lastimada. Y jamás se la debe agarrar por el abdomen. Esta parte es suave y se le puede hacer daño a los órganos de reproducción.

Con la reina enjaulada terminan las dudas sobre dónde está hasta que concluye el proceso de manejo —preparación de núcleos, control, enjambre. Una vez terminada la operación se suelta a la reina dentro de la colmena.

Enjaular la reina previene también que las obreras la maten; esto puede ocurrir a veces cuando los animales enfrentan una situación de estrés como, por ejemplo, encerrar un enjambre, trasladar una colonia a nuevos equipos o mover la colmena. Entonces, puede suceder que las obreras se agrupen alrededor de la reina y traten de picarla; otras veces pueden matarla sofocándola.

El traslado de un enjambre

Si las operaciones de caza de enjambres o traslado de colonias silvestres van a realizarse con frecuencia, es conveniente construir una colmena de tamaño medio, suficiente para un enjambre o colonia silvestre de tamaño normal.

Debe construirse sin aberturas y hay que tener cuidado de que resulte fácil de mudar. Para tapar con facilidad la entrada se usa goma espuma. Cuando las abejas están calmadas dentro de la colmena, se cierra la entrada y se mueve la colmena a su sitio permanente. Una vez en el apiario, primero hay que dejar descansar el enjambre dos días, y luego se lo traslada a una colmena de tamaño normal.

Es mejor mudar la colonia al anochecer o directamente de noche, cuando todas las abejas están adentro y el clima es más frío. Si la colmena se traslada menos de dos kilómetros, algunas abejas regresarán a su ubicación anterior.

Las colonias trasladadas necesitan tiempo para recobrar fuerzas y almacenar miel para la etapa de escasez.

Por otra parte, la alimentación artificial durante el período de escasez estimula la producción de cría, produciéndose más cría de lo que la colonia puede alimentar con fuentes naturales. Así, esa colonia, para sobrevivir, termina dependiendo de la alimentación artificial. Para el apicultor principiante es difícil calcular las necesidades alimenticias de una colonia, y además, una vez comenzada la alimentación artificial, es necesario alimentar a la colonia en forma continua hasta que comience la afluencia de miel.

El pasar una colmena rústica o natural a una colmena de apiario se conoce como “trasiego”.

Al obtener la colmena rústica se la lleva al lugar definitivo. Se la deja unos 4 o 5 días tranquila, luego se procede a trasvasarla. La época ideal es primavera pues tienen poco alimento; esto facilita el manejo de los panales.

El material necesario para el trasiego es:

- cuadros sin alambre
- hilo de algodón
- un cuchillo
- un recipiente con agua
- un tacho para los desperdicios
- el ahumador
- las alzas o panales

Preparación:

- Se lleva la colmena rústica a un lugar sombreado, 8 a 10 metros más atrás del lugar original y se coloca en ese lugar el alza definitiva con dos o tres cuadros tapados.
- Se desprende la parte superior colocando una entretapa.
- Se procede a golpear los costados del cajón y ahumarlo por la piquera. Las abejas suben sosteniéndose sobre la entretapa.
- Luego de golpear unos segundos, se levanta la entretapa y con todas las abejas adheridas se lleva al alza nueva (hay que ir mirando si la reina se encuentra en el traspaso).
- Una vez pasadas casi todas las abejas se procede a cortar todos los paneles de cría, a los cuales se coloca en los cuadros sin alambre; una vez recubiertos éstos, se aseguran con dos hilos colocados en el sentido de los cabezales y se los lleva al alza nueva.

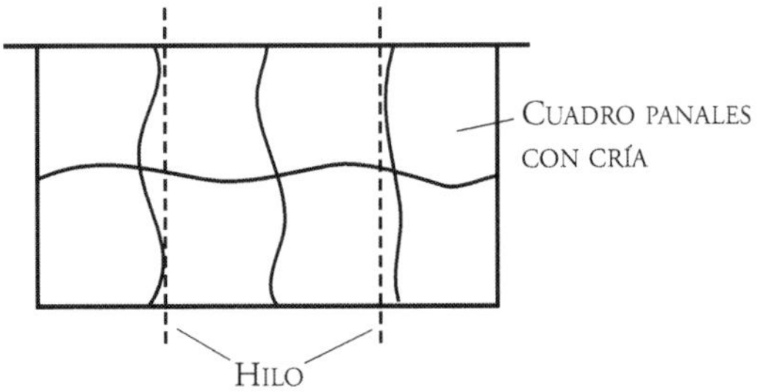

- Los panales de miel no se ponen en los cuadros (por el peso de la miel); se puede colocar un panal de miel de otra colmena.
- Una vez sacados todos los panales, veremos que en el fondo pueden quedar abejas jóvenes y posiblemente la reina, si no la hemos visto antes. Se las busca y se las lleva al nuevo hogar, y luego las abejas se cepillan sobre el alza. La forma en que se conducen las abejas nos da la casi certeza de que la reina está en la nueva colmena: están tranquilas, emitiendo la llamada para orientar a las que están afuera.
- Los panales de trasiego son moldeados por las obreras, y veremos a las abejas sacar los trazos de hilo fuera de la colmena.
- A estos panales se los va llevando hacia los costados, a fin de ser retirados poco a poco de la colmena.

Manejo de enjambre artificial

Ya establecida la colmena se debe inspeccionar con frecuencia y manejar según lo que necesita. El manejo rutinario se divide en tres categorías:

- manejo durante el aumento
- manejo durante la cosecha
- manejo durante el período de escasez

La inspección de las colmenas

La inspección regular de la colmena es importante para saber sus condiciones y necesidades. La función de las inspecciones es revisar la condición de la cría, la sanidad, los panales, las necesidades de espacio y la presencia de reservas.

¿Cómo se debe abrir una colmena para su revisación?:

- Se saca el techo colocándolo a un costado.
- Se ahuma por el agujero de la entretapa para que las abejas no suban.
- Se despega la entretapa echando humo a medida que se levanta, se observa si está la reina sobre ella y se coloca sobre un costado de la piquera.
- Se empieza a revisar la colmena, sacando siempre el segundo o tercer cuadro de uno de los laterales.
- Si tenemos que dejar algún cuadro afuera, siempre se deja el cuadro que contenga miel.

Saliendo de la invernada y primavera, las colmenas se controlan una vez por semana, para su alimentación, para las curaciones y su desarrollo del nido de cría.

Entrando el verano, se las revisa casi dos veces por semana. La frecuencia de las revisaciones depende del trabajo o la producción que se realiza. En la revisación otoñal, si el apicultor se asegura de que las colmenas están sanas, las puede revisar cada 20 o 25 días.

El apicultor experimentado reconoce la condición de una colonia simplemente viendo la actividad a la entrada y extrayendo uno o dos panales. Pero los apicultores principiantes necesitan hacer una revisión más detallada mientras aprenden qué señas buscar.

Lo más importante a tener en cuenta al inspeccionar una colmena es la condición del nido de cría. Una vista al panal de cría puede indicar la presencia o ausencia de la reina, y observando la cría el apicultor puede darse cuenta de la condición de la reina, de la presencia de enfermedad, y también puede observar las reservas alimenticias.

Métodos para la inspección

- Abrir la colmena por detrás.
- Ahumar la piquera y esperar 30 segundos.
- Quitar el techo, despegar la entretapa e introducir humo encima de los cuadros.
- Sacar un cuadro (no de cría).
- Mover los cuadros hasta que se encuentre el nido de cría.
- Introducir humo periódicamente en los espacios para controlar a las abejas, con cuidado de no usar demasiado porque puede causar que la colonia salga afuera por completo.
- Sacar los panales de cría uno por uno para revisarlos. El panal con cría se encuentra rodeado por un arco de miel y polen; esto le permite a la abeja la alimentación de las larvas. El nido de cría se encuentra generalmente en el centro de la cámara de cría.
- Después de revisar la colonia, se cierra la colmena. Hay que tener en cuenta que el nido de cría se tiene que dejar de la misma manera en que se lo encontró.

Consejos para observación y control

Una buena reina pone huevos con una simetría distintiva: uno en cada celda, y en todas las celdas.

Empieza poniendo en el centro de un panal y continúa hacia el exterior, alrededor de la cría. Cuando los adultos emergen de las celdas del centro, ella vuelve a esa parte del panal y comienza a poner hacia el exterior a medida que se vacían las celdas. Así, una buena simetría se presenta en forma de círculos concéntricos, cada uno conteniendo cría de diferentes edades.

Podrían observarse alguno de estos casos:

Si la reina está fallando, la simetría del panal de cría cambia y queda irregular y con celdas vacías; en este caso, o bien hay una enfermedad en la colonia, o bien están aovando las obreras. Gotas temporarias de néctar y polen a veces causan un cambio en la simetría del nido de cría, pero en ese caso es sólo de corta duración, lo que se llama "bloqueo" del nido de cría.

Si se encuentra cría salteada, es problema de reina vieja o de enfermedad. Si la reina es vieja, hay que cambiarla porque ya tiene baja postura antes que sea reemplazada por las propias abejas. En caso de que sea por enfermedad, sí o sí el apicultor tiene que cambiarla y tomar las precauciones por cualquier enfermedad.

Si hay una enfermedad en la cría, algunas celdas pueden contener restos de ésta.

Se puede reemplazar a la reina vieja con celda real o una reina fecundada, o con sus propias celdas reales, matando primero a la reina vieja. Para esto se procede así:

- Si es una celda real o reina fecundada: se deja la colonia huérfana cuatro o cinco días, luego se buscan las celdas reales propias, se las mata y se coloca la celda real elegida o la reina fecundada.
- Si cría sus propias celdas: es aconsejable colocar uno o dos panales seleccionados de cría abierta de otra colmena fuerte o seleccionada para que se den sus propias celdas.

La reina, normalmente, se encuentra dentro del panal de cría, pero hay que tener cuidado cuando se abre la colmena porque puede estar en la entretapa cuando pasa de un panal a otro.

Pero no es verdaderamente necesario ver la reina cada vez que se inspecciona. Si hay huevos del día en una simetría concentrada, la presencia de la reina está correctamente asegurada.

Si una colonia ha quedado huérfana por largo tiempo, las obreras comienzan a poner huevos. Como estos huevos son infértiles, siempre producen cría de zánganos. Otra característica que advierte sobre obreras ponedoras es encontrar muchos huevos colocados sin orden sobre los costados de las celdas.

Una colonia con obreras ponedoras es una situación inútil; como sólo produce zánganos, la colonia se reduce y muere. Pero como la colonia cree que tiene reina no acepta la larva joven de otra colonia, ni acepta celdas reales de otra colonia.

Cuando se encuentra una colonia con obreras ponedoras, hay que fusionarla con una colonia fuerte que tenga una buena reina.

La presencia de reservas adecuadas es otro detalle importante que se debe buscar cuando se hace la inspección de la colonia. Debe haber, por lo menos, un panal de miel a ambos lados del nido de cría. Si la colonia no tiene suficientes reservas de miel, el apicultor debe añadir panales sin abejas de colonias más fuertes. Si la colonia está débil, se puede fusionar con otra colonia fuerte, o reforzar con panales de cría operculada.

Mantener un detalle escrito de las inspecciones ayuda a seguir la evolución de la colonia y a planear los trabajos futuros en el apiario.

Cuando se revisan las colmenas hay que cortar los pastos y matas alrededor de éstas, porque pueden facilitar la entrada de hormigas, arañas o sapos a la colmena. Y hay que estar muy atentos al equipo deteriorado que necesite reemplazo.

La agresividad de la colonia varía mucho con la raza de abejas, la condición de la colonia y las condiciones climáticas. Por lo general, las abejas son más apacibles durante los calientes y soleados días de la afluencia de néctar. En estos días hay un número máximo de abejas pecoreando.

En la mayoría de lugares la afluencia máxima ocurre entre la mañana y el mediodía. Ésta es la mejor hora para inspeccionar la colonia porque la gran parte de las pecoreadoras están fuera de la colmena.

Y algo muy importante: cuando se inspeccionan las colmenas hay que tener mucho cuidado porque se produce lo que se llama "pillaje".

El problema del pillaje

Se llama "pillaje" al robo de miel o cera entre las propias abejas.

Se produce especialmente en una época determinada del año, en tiempos fríos, cuando hay escasez de néctar. Hay que decir que el principal culpable del pillaje es el propio apicultor, por errores en el manejo de sus colmenas.

Una colmena acumula miel para su subsistencia; es decir, acumula más de la que consume. Cuando hay escasez de néctar, la abeja se orienta por el olor de la miel. Entonces las pecoreadoras comunican a las demás abejas la presencia de miel en otra colmena por medio de una danza que realizan, y entran en dicha colmena a robar. Así se produce, en esta colmena, una gran desorganización que excita mucho a las abejas, las cuales, entonces, no se pueden defender, y se produce un suerte de masacre. Las pilladoras, que también están muy alteradas, buscan matar a la reina, y este estado de nerviosismo y confusión puede terminar, incluso, en que las abejas de la colmena atacada maten a su propia reina o se maten entre ellas. Por supuesto, esto es peor cuanto más débil sea la colmena atacada.

Hay, básicamente, tres clases de pillaje:

- *Latente.* Es el que entra con disimulo por alguna abertura que haya en la colmena.
- *Ocasional.* Cuando se deja una colmena abierta por mucho tiempo —lo cual constituye un mal manejo—, ya que el volátil olor de la miel excita a las pilladoras.
- *Violento.* Es cuando una gran cantidad de abejas de una colmena ataca a otra colmena matando a la reina y abejas en general.

El saqueo aumenta cuando se inspeccionan colonias en períodos de escasez. Si el apicultor observa abejas peleando, puede sospechar que hay pillaje.

Es más fácil prevenir el pillaje que pararlo cuando ya ha comenzado. Cuando se están inspeccionando las colmenas hay que trabajar con rapidez, para reducir el tiempo durante el que la colonia está abierta. También hay que cuidar de no derramar miel alrededor, ni dejar panales de miel afuera o al dar el jarabe.

Si se advierte que comienza el pillaje, hay que cerrar la colmena y esperar hasta otro día. En caso de que la situación esté fuera de control, se debe cerrar la colmena y tapar la entrada completamente con pasto u hojas verdes. Si la colmena se deja abierta, toda la miel será robada y la mayoría de las abejas serán matadas.

Para prevenir el pillaje se puede usar agua lavandina y rociar las colmenas para neutralizar el olor.

Manejo durante el período de aumento

El manejo durante el período de aumento trata de proveer espacio para el aumento del nido de cría con el fin de permitir que la colonia crezca a su máxima población para aprovechar la afluencia mayor de néctar. Se necesitan varias manipulaciones durante el aumento para prevenir que el nido de cría quede bloqueado y limitado por las reservas de miel.

A medida que crece, el nido con espacio disponible para que la reina ponga huevos se va limitando. La colonia puede agrandar el espacio del nido usando la miel almacenada en las celdas alrededor, pero este proceso es relativamente lento.

Se puede incrementar rápidamente la cámara de cría poniendo panales vacíos al lado del nido de cría o con cera estampada, y reduciendo el apiñamiento. Esta manipulación permite que la colonia aumente su población más rápido.

Añadir espacio para el nido de cría también ayuda a controlar la enjambrazón. No es beneficiosa para los apicultores, porque los enjambres muchas veces se pierden, y la reducción de población de la colonia antes de la afluencia de néctar perjudica a la cosecha.

La enjambrazón no se puede prevenir absolutamente, pero sí controlar. Los apicultores pueden dividir sus colonias para incrementar el número.

Encontrar celdas reales en una colonia fuerte, durante el aumento, es signo probable de que dicha colonia está preparándose a enjambrar. Estas celdas reales se llaman "celdas de enjambrazón" y se encuentran a las orillas de los panales. Si la colonia ha comenzado el proceso de enjambrazón, hay dos métodos de manejarla para evitar la pérdida del enjambre: se evita la enjambrazón destruyendo las celdas reales y mudando la colonia, o se la divide.

Una colonia a punto de enjambrar es una colonia fuerte. Por medio del intercambio de colmenas, la colmena fuerte pierde abejas y la más débil las gana. El intercambio de colonias durante los períodos de aumento o afluencia de néctar no causa peleas entre las pecoreadoras y las abejas de la nueva colmena. Las pecoreadoras están regresando al sitio con néctar y polen, y por eso son aceptadas en la colmena nueva.

La destrucción de las celdas reales combinada con la pérdida de pecoreadoras impide, normalmente, el impulso de la enjambrazón. Pero para más seguridad es mejor sacarle algunos cuadros de cría y hacer un núcleo, porque, si no, a la semana o diez días la colonia se recupera y vuelve a querer enjambrar, ya que el instinto o síntoma lo tienen.

El intercambio de sitios de colmenas es un método fácil para igualar poblaciones de colonias.

Otra manera de igualar el nido de cría con las colmenas es darles panales de cría a las colonias débiles, para que aumenten más rápido y se estimule la postura de la reina. Pero se debe cuidar de no darle a una colonia más cría de lo que puede cuidar, es decir, mantener un equilibrio de cría con la población nodriza.

La división o el enjambre artificial es otro método de manejar las colonias que están a punto de enjambrar. De hecho, es la forma más práctica que tienen los apicultores de pequeña escala para aumentar el número de colmenas en sus apiarios.

Cuando se les quita su reina, las colonias fuertes se estimulan a construir celdas reales. Estas celdas reales de emergencia se usan para efectuar aún más divisiones de la colonia si es necesario.

Las divisiones efectuadas con celdas de enjambre no son buenas, porque sus reinas tienen tendencia a enjambrar en forma temprana. La enjambrazón normalmente ocurre poco antes de la afluencia mayor, y por eso las divisiones con celdas de enjambre no tienen tiempo de aumentar.

El mejor tiempo para dividir colonias es al principio del período de aumento, cuando aparecen las primeras celdas de zángano. Si se hace suficientemente temprano, la colonia puede tener tiempo de producir un excedente de miel.

Las divisiones siempre disminuyen la producción de miel de esas colmenas. Las colonias fuertes producen más miel con relación a las más débiles. La decisión de dividir una colonia se debe basar en el fin de la operación, es decir, qué proyecto tiene el apicultor para su apiario: producir abejas o producir miel.

Para efectuar una división

No debe dividirse ninguna colmena que no tenga como mínimo 8 o 9 cuadros con cría y de 9 a 10 cuadros poblados (cubiertos de abejas). Numerosas son las técnicas para realizar la enjambrazón artificial. A continuación explicaremos la más sencilla y práctica.

Para dividir una sola colmena:

Llamaremos "colmena A" a la colmena madre que tiene 9 panales de cría. Se retiran 5 panales de cría (a la colmena huérfana es mejor dejarle mayor cantidad de panales de cría abierta) y se los coloca en la "colmena B" en el centro del alza; a los costados de éstos se colocan panales de miel completando con panales labrados o, en su defecto, cuadros con cera estampada.

A medida que se van pasando los panales se observa si está la reina. A la colmena madre la llevamos 2 metros atrás del lugar original. Esto permite que la "colmena B" que está huérfana se cargue de todas las abejas adultas.

Se pueden dejar las propias celdas reales.

Se revisa 8 días más tarde. De haber hecho la división dejando solamente dos o tres celdas, que éstas sean las más desarrolladas y gruesas; se deja 4 o 5 días huérfana la división.

Si se colocan celdas reales de otra colmena, primero se matan las celdas propias y luego se introduce esta celda para su mejor aceptación. Se baña la celda real con un poco de miel de la misma colmena.

A los 4 o 5 días, se revisa si la celda fue aceptada. Y a los 15 o 18 días si fue fecundada y si empezó la postura.

A esta división se la sigue manipulando en el crecimiento del nido de cría hasta que llegue a cubrir de 8 a 9 cuadros. Esto significa que hay que darle espacio para la recolección de miel, es decir, colocar alzas con panales vacíos y/o cera estampada; para una mejor aceptación y más rapidez en la aceptación del alza hay que subir panales con cría cerrada (operculada); esto estimula primero a incrementar el nido de cría y almacenar miel y polen.

El momento para la cosecha de miel

El premio del apicultor es la cosecha de la miel.

Un panal de miel está listo para cosechar cuando su mayor parte está sellada. El contenido de agua en néctar es muy alto. Esta miel se llama *miel verde* o *miel sin madurar*, y si se cosecha, se fermenta. Un panal que tiene por lo menos dos tercios de las celdas selladas contiene miel madura.

Para quitar las abejas del panal de miel se usa un cepillo. Se puede usar también un poco de humo, pero con mucha medida porque el exceso le dará un sabor ahumado a la miel.

Proceso

- Ahumar el alza de la cámara melaria.
- Cepillar las abejas con un cepillo húmedo.
- Colocar el panal en otra alza vacía.
- Se lleva al galpón.
- Se desopercula, usando los elementos necesarios (cuchillos, desoperculadores automáticos).
- Se coloca en el extractor; los panales se extractan.
- Se deposita en los tanques de decantación la miel extraída para luego pasar a los tanques de miel y envasar.

Para dejar suficientes reservas de miel en la colonia hay que saber lo que las abejas necesitan y no cosechar toda la miel.

La cantidad de miel que se debe dejar varía de región en región según la duración y severidad del período de escasez. Esto es parte del arte de la apicultura, y se aprende con la experiencia. Si el apicultor tiene dudas de cuánto debe dejar, debería calcular por lo menos un panal de miel por cada dos de cría. Es mejor dejar de más que no dejar suficiente. Si las abejas no llegan a usar esa miel, en todo caso se la cosechará más tarde o se la deja para núcleos en la próxima temporada.

Planes para el manejo

El aumento y bienestar de la colonia de abejas de miel depende de:

- La capacidad de aovar de la reina.
- La sanidad de la población de obreras.
- La disponibilidad de néctar y polen (o reservas de miel durante períodos de escasez).
- El espacio en las secciones apropiadas de la colmena para la expansión del nido de cría y el almacenado de miel.

- Sólo se tendrán colmenas fuertes.
- Sólo se manipulará con relativa frecuencia el nido de cría, para aprender; luego se evitará el molestar innecesariamente a las abejas.
- Asegurar una perfecta invernada.
- Evitar la enjambrazón natural.
- Poseer reinas bien seleccionadas.
- Ser observador minucioso, prolijo, y hacer todas las operaciones en el momento oportuno.

Las condiciones de una buena invernada se reflejan en las siguientes reglas:

- Reina joven, vigorosa, productiva.
- Poseer unos 6 panales de cría como mínimo y 8 panales bien cubiertos de abejas.
- Alimentación suficiente, de 15 a 18 kg de miel; buenas reservas de polen.
- Construcciones en buen estado (panales).
- Protección contra los vientos dominantes.
- La máxima exposición al sol.
- Espacio reducido.

Los planes de manejo apícolas tienen el objeto de aumentar o mejorar estos requerimientos. El nivel de sofisticación de una operación apícola determina hasta qué punto los planes de manejo pueden afectar los componentes.

Para el apicultor de pequeña escala, el plan de manejo más práctico es el que no le requiere componentes caros. Los planes que tienen el fin de asegurar suficientes reservas y espacio para la colonia dependen sólo de la labor personal del criador.

La tentación de quitar toda la miel al fin de la afluencia de miel a veces es demasiado grande para el apicultor. Sacar la miel y venderla rinde ganancias inmediatas; dejándola dentro de la colmena para el uso de las abejas durante el período de escasez es una inversión para el futuro, o una ganancia aplazada. Pero hay que recordar que una cantidad suficiente que se deje en la colonia durante el período de escasez asegura que dicha colonia sobreviva y esté en buenas condiciones al comienzo del próximo período de aumento. Sin suficientes reservas, la colonia puede morir de hambre o quedar tan débil que no pueda defenderse contra el pillaje.

El segundo plan de manejo más práctico para proyectos apícolas de pequeña escala es la manipulación de la colmena. Es decir: manejar el espacio de la colonia, aumentándolo y disminuyéndolo dónde y cuándo se necesite.

La colonia no sólo necesita más espacio durante la afluencia para almacenar la miel, sino también para la expansión del nido de cría, durante el período de aumento. Las abejas abren espacio para la cría comiéndose el polen y la miel alrededor de la cámara de cría, librando esas celdas para que la reina aove.

Pero esta forma de expansión es un proceso lento y puede limitar la capacidad de aovar de la reina. Cuando esto ocurre se dice de la colonia que está "limitada por la miel", o bloqueada, porque el nido de cría está dentro del confín de las celdas de miel. Un nido de cría bloqueado por la miel —falta de espacio— es el mayor factor en la estimulación de la enjambrazón.

Cambiando los panales llenos de miel situados al límite del nido de cría por otros vacíos, el apicultor puede aliviar la condición de bloqueo mucho más rápido que las abejas. Así se le da más espacio a la reina para aovar y la colonia crece más rápido a su máxima población.

Durante el período de escasez la colonia necesita menos espacio porque la población disminuye. Entonces el apicultor debe quitar de la colmena los espacios o panales en desuso, para así achicar la colonia y permitir que las abejas se defiendan mejor contra el pillaje y los animales extraños, y reducir el espacio, lo que conserva la temperatura.

En la manipulación de la colmena para crear o reducir espacio, es importante recordar que la buena práctica de la apicultura requiere el entendimiento del ciclo anual de la colonia y el manejo de operaciones al tiempo apropiado. Una manipulación hecha al tiempo correcto del ciclo puede dar el resultado buscado. La misma hecha a destiempo casi siempre fallará.

Necesidades alimenticias de la colonia

Las obreras pecoreadoras vuelan hasta 3 kilómetros de la colonia para juntar las sustancias nutritivas que necesita la colonia. Por supuesto es mejor si hay medios abundantes más cerca de la colonia. Las abejas pueden volar más lejos que 3 kilómetros, pero es un uso ineficiente de la energía.

Las cuatro sustancias cosechadas por las recolectoras para la colonia son:

- néctar
- polen
- propóleos
- agua

El néctar es el carbohidrato o componente de energía en la dieta de la abeja. Es una secreción azucarada de las plantas. Normalmente es secretado por los nectarios situados en las flores, aunque algunas plantas tienen nectarios en las hojas o en los tallos. El néctar es agua en un 70% u 80%. El resto de su contenido es azúcar y restos de otras sustancias orgánicas.

Las pecoreadoras sacan el néctar de los nectarios y lo llevan a la colmena dentro de los estómagos de miel. Cuando regresan a la colonia, entregan el néctar a las obreras menores que están encargadas de depositarlo.

El proceso de madurar el néctar se hace por medio de la evaporación del contenido de agua a menos de 19% (21% como máximo) y el añadido de un poco de enzimas. Las obreras lo hacen por medio de la regurgitación continua de gotas de néctar del buche melario y la extensión de las gotas con la probóscide. De este modo alargan el área de las gotas y apuran el proceso de evaporación. Este proceso también añade las enzimas que dividen los azúcares complejos del néctar en azúcares simples.

Las abejas, a veces, cosechan la ligamaza, una secreción de ciertos insectos que comen la savia de las plantas. Las abejas aceptan la ligamaza como alimento, pero la miel que producen de ella es oscura y de sabor fuerte, considerada de calidad inferior.

En la colmena, las abejas almacenan la miel siempre arriba y alrededor de la cámara de cría. Las abejas adultas comen la miel y la mezclan con el polen para alimentar la larva mayor de obreras y zánganos. Durante períodos de una buena afluencia de miel la mayoría de colonias producen más miel de la que necesitan. Este exceso de miel se puede cosechar. Con buen manejo la cantidad de miel se puede aumentar. Si hay suficientes flores produciendo néctar y polen, simplemente quitándoles a las abejas los almacenes de miel se las estimula a producir más.

El polen es un polvillo producido por los órganos masculinos de las flores. Contiene la célula espermatozoide de las plantas. Las abejas ayudan a llevar el polen de planta en planta. Son agentes de polinización muy importantes para muchas plantas.

Muchas cosechas agrícolas dependen de la polinización de insectos para producir semillas. Estas matas son estériles y necesitan la polinización con el polen de otras plantas. Estas cosechas se benefician mucho si hay abejas en las cercanías cuando están floreciendo.

Cuando las pecoreadoras visitan las flores, el polen se les pega a los pelillos finos que cubren su cuerpo. Periódicamente la obrera se quita el polen usando la peinilla de polen, una estructura colocada en las patas traseras. Forma el polen en pelotillas y lo mete en la cesta de polen o *corbícula* para llevarlo a la colmena. La corbícula también está situada en las patas traseras.

El polen se usa para alimentar la cría mayor, y las abejas nodrizas que están produciendo la jalea real por sus glándulas hipofaríngeas lo comen en grandes cantidades. Forma los componentes de proteína, vitamina y mineral de la dieta de la abeja.

El polen se almacena en celdas alrededor de la cría, donde está cerca para alimentarla. Un complejo de levadura en el polen lo preserva, y las abejas lo cubren con miel.

El propóleos es una sustancia resinosa cosechada de las plantas. Se encuentra alrededor de heridas de la planta y a veces alrededor de los capullos. Las abejas lo usan para cerrar pequeños huecos y rajaduras en la colmena (pegan todo: panales, alzas, entretapas), y para cubrir animales muertos muy grandes que no pueden sacar de la colonia (por ejemplo, laucha).

El propóleos contiene químicos llamados *turpines* que limitan la multiplicación de bacterias y hongos. Las recolectoras lo cosechan y lo traen a la colmena en las cestas de polen.

Cuándo suplementar la alimentación de la colonia

La alimentación artificial de abejas puede ser práctica en algunas áreas o útil en ciertos casos. Hay momentos del año en los que puede ser necesaria la suplementación de alimento. Por ejemplo:

- **En primavera: alimentación estimulante.** Con ella se induce a la reina para que empiece a aovar y haya más abejas pecoreadoras, para que en el momento de la floración el número de abejas sea el máximo, al igual que el alimento recolectado. Esta alimentación se hace mediante jarabes artificiales compuestos por agua y azúcar, que actúan como sustitutivos del néctar.
- **En otoño-invierno: invernada.** Durante el invierno existe una disminución de la actividad de la colonia y no hay floración. Esta invernada se suministra cuando no hay suficientes reservas alimenticias para sobrevivir hasta la primavera siguiente. La alimentación se hace a base de jarabes de alimentación, que pueden realizarse según la siguiente fórmula:

    - una parte de agua
    - dos partes de azúcar

Si el jarabe de agua azucarada se derrama puede atraer hormigas o estimular el pillaje de parte de las abejas de otra colmena. Para evitar el pillaje durante la alimentación hay que reducir el tamaño de la piquera de la colmena con un pedazo de madera u otro objeto apropiado.

Existen otras formulaciones de jarabe, entre las que destacan:

- Azúcar (60%) + agua (40%).
- Miel (50%) + agua (50%). Es la mezcla más empleada por los apicultores.
- Se suelen añadir dos o tres gotas de vinagre o limón para que la solución no fermente. Existen también jarabes preparados que incluyen vitaminas y estimulantes.

Los jarabes no se deben administrar por más de 40 días, ya que, al no ser el alimento natural de la abeja, le puede ocasionar problemas digestivos.

Receta de polen artificial

Si se necesita un suplemento de polen, se lo puede preparar según la siguiente fórmula:

- Ingredientes:
  - 10 kg de azúcar
  - 1/2 kg de miel
  - 600 g de harina de soja desgrasada

- 100 g de levadura de cerveza
- 100 g de leche en polvo descremada
- 15 cm^3 de vinagre blanco
- 2 litros de agua

❍ Preparación:

- Se calienta a baño María el agua, el vinagre y la miel.
- Luego se mezclan los ingredientes secos.
- La temperatura de esta solución no debe exceder los 40°.
- Se podrían agregar antibióticos (sulfatiazol, tetraciclina); en este caso, la temperatura de la solución no puede superar los 35°.

❍ Uso:

- Se suministra desde principios de primavera hasta fines del verano o principios de otoño.
- Se administra aproximadamente cada 12-15 días.

CAPÍTULO VI

SANIDAD APÍCOLA

El cuidado sanitario del apiario es fundamental. Las colonias pueden enfermarse o sufrir el ataque de enemigos naturales. Es necesario conocer las alternativas más comunes en este ámbito.

A continuación presentaremos una tabla-resumen de las principales enfermedades que pueden aquejar a las abejas, para tener de entrada un panorama general de la situación de sanidad.

Las enfermedades más serias de las abejas			
Enfermedad	*Causa*	*Etapa del desarrollo que es afectada*	*Síntomas primarios para reconocerla*
- Acariosis	Ácaro	Adultos	- Semejante a la nosemiasis (véase)
- Cría yesificada	Hongo	La larva desoperculada	- La larva muerta tiene olor a levadura - La larva muerta forma momias blancas
- Cría ensacada	Virus	La larva mayor	- La larva muerta con piel dura que forma un saco lleno de líquido oscuro - Ningún olor
- Loque americana (L.A.)	Bacteria	La larva mayor y la pupa	- Falta de simetría en el nido de cría - La cría muerta tiene un olor pútrido - Opérculos hundidos y rotos
- Loque europea (L.E.)	Bacteria	La larva joven	- Falta de simetría en el nido de cría - La larva muerta tiene un olor pútrido - La larva muerta forma una pasta
- Nosemiasis	Protozoario	Abejas adultas	- Las abejas quedan desorientadas y las alas no se doblan normalmente sobre el abdomen
- Varroa	Un ácaro	Larva mayor, pupa y adultos	- Presencia de ácaros en la larva y la pupa - Adultos deformados

A continuación, detallaremos estas y otras enfermedades que afectan el apiario, provenientes de virus o bacterias:

VIRUS DE LA CRÍA SACCIFORME

El agente causal es un virus ARN (*Morator aetatulae*), de 20-60 *micras* de diámetro. Afecta principalmente a las larvas de obreras y zánganos. Está poco estudiado, pero se considera que su incidencia no es muy marcada.

Se reproduce sobre las larvas jóvenes de obreras y zánganos por alimentación. Del tubo digestivo el virus pasa al interior del cuerpo, provocando un desajuste hormonal, melanización, e impidiendo que llegue a pupas. Se presenta un saco formado por una cutícula transparente. El resto de la cría se mantiene dentro de la larva. Continúa la desecación y la larva queda como una góndola cuando se deseca totalmente en la celdilla.

LOQUE EUROPEA

Afecta a las larvas y penetra en ellas con el alimento dentro del tubo digestivo. El agente causal es *Melissococus (Streptococus) pluton*. Forma quistes en época resistente.

La larva ingiere el alimento contaminado por la bacteria. Debido a las condiciones de pH del tubo digestivo se produce una multiplicación. Las bacterias entran en el interior de las larvas produciendo una infección generalizada y causándoles la muerte.

La bacteria se multiplica y dispersa por acción de las obreras domésticas al limpiar la celdilla y eliminar los restos. La bacteria se introduce en las limpiadoras y lo transmiten a las distintas abejas hasta que llega a la nodriza por trofalaxia. Los adultos son portadores asintomáticos.

Puede transmitirse a las demás colonias, de distintas formas:

- *Natural*
- *Deriva:* una abeja entra por equivocación en otra colmena.
- *Pillaje:* una abeja entra en otra colmena a robar las reservas, que están infectadas.
- *Artificial:* inadecuado manejo apícola por cuadros o panales infectados por el virus.

Perdura de un año a otro. Los síntomas que presenta una colonia infectada por loque europea se resumen en un olor agrio o pútrido, la aparición de la cría salteada (alvéolos con cría y otras vacías).

En el control de loque europea se recomienda no realizar tratamientos preventivos. El tratamiento se basa en el empleo de antibióticos con *oxitetraciclina* aplicados mediante un alimentador, pulverización o en espolvoreo. Se recomienda realizar una alimentación estimulante, eliminar la cera contaminada, aislar las colmenas enfermas y desinfectar correctamente por vía térmica el material apícola contaminado.

Loque americana

El agente causal es *Bacillus larvae*. Se trata de una enfermedad grave de las abejas. El agente causal tiene como estructura resistente esporas con un cristal de una sustancia tóxica. La transmisión de la enfermedad se realiza por vía bucal, siendo los principales vectores abejas limpiadoras, nodrizas, provisiones de miel y polen infectadas, el pillaje, manipulación inadecuada por parte del apicultor, empleo de cera no esterilizada, etcétera.

La loque americana provoca una cría irregular en mosaico, opérculos rotos y hundidos, larvas transformadas en masas viscosas y filantes. Su diagnóstico puede ser clínico por sintomatología o en campo realizando una pequeña prueba, que consiste en macerar las larvas e introducirlas en leche descremada caliente: si se forman grumos que desaparecen a los 15 minutos, es señal de que la colonia está infectada.

No se realizan tratamientos preventivos. Se puede suministrar el antibiótico *oxitetraciclina* o *tartrato de tilosina* aplicados junto al alimento, por pulverización o espolvoreo.

Ascosferiosis

Las larvas de abeja contraen la enfermedad por ingestión de esporas y raramente a través del tegumento. Esta micosis es provocada por los hongos *Ascosphaera apis* y *Ascosphaera major*, cuyos órganos de fructificación tienen unas dimensiones de 65 y de 128 *micras* respectivamente. Las esporas del hongo germinan en la luz intestinal y el micelio invade el cuerpo de la futura abeja momificándolo. Normalmente atacan primero a la cría del zángano. El síntoma más característico es la aparición de momias de larvas en los cuadros, fondo y exterior de la colmena, junto a una cría salteada.

Las vías de infección de la enfermedad son: abejas limpiadoras, alimento contaminado, errores de manejo, ambiente húmedo, pillaje, deriva, transacciones comerciales, etcétera.

En la actualidad no existe tratamiento farmacológico, pero se aconsejan unas medidas profilácticas entre las que destacan:

- colocar las colmenas en lugares aireados y soleados
- destruir los cuadros afectados
- realizar una alimentación estimulante

Enfermedades causadas por protozoos

Nosemiasis

Provocada por el protozoo *Nosema apis*, se desarrolla en el estómago de las abejas. El esporo penetra en la célula epitelial y se reproduce. Existe una destrucción del epitelio ventricular. Son susceptibles aquellas abejas adultas de más de 15 días de vida. El contagio es mediante pillaje, deriva, errores de manejo, transacciones comerciales, etcétera.

Los síntomas se resumen en una agitación anormal de la colonia durante el invierno, falta de dinamismo en primavera, acortamiento de la vida de las abe-

jas afectadas, abejas con abdomen distendido, constipación o diarrea, y una debilidad general que les impide volar.

Para su control se puede emplear tres tratamientos de *fumagilina*, con una dosis de 1 gramo por litro de jarabe, a intervalos de una semana.

Amebiasis

Provocada por *Malpighamoeba mellificae*, produce en las abejas una abundante diarrea de color amarillo claro, abdomen engrosado y distendido, y un agotamiento rápido de las colonias. No existen tratamientos farmacológicos pero se pueden aplicar medidas profilácticas basadas en mantener el vigor de la colonia, eliminación de los cuadros afectados y una desinfección del material apícola infectado con ácido acético.

PARÁSITOS DE LAS ABEJAS

Acariosis

Es un ácaro parásito interno. Pertenece a los Tarsonémidos (*tarsonemidae*), entre los que se encuentran ácaros plaga como es el caso de la araña blanca o el ácaro del fresón. Está causada por *Acarapis woodi*, siendo éste de color amarillo o incoloro. Su longitud es de aproximadamente 0,1 mm.

La hembra adulta fecundada es la que penetra a través del primer par de estigmas y se sitúa en las tráqueas y sacos aéreos de las abejas adultas (primer par de estigmas). Éstas depositan de 5 a 8 huevos (15-21 días), de los que eclosionan a los 4-5 días respectivamente una larva. Cuando finaliza el desarrollo, completando el estado larvario (15-21 días), se transforma en ninfa y posteriormente en adulto.

La forma de alimentarse se sustenta en la presencia del aparato bucal propio de los ácaros, con el que traspasa la pared de la tráquea y se alimenta de la hemolinfa. Finalmente, cuando aparecen los adultos se produce el apareamiento y es la hembra adulta fecundada la que sale al exterior de la abeja adulta.

La transmisión se realiza cuando el ácaro se pone en contacto o proximidad con otra abeja. Salta a la otra y entra en el sistema traqueal de la abeja no parasitada, siendo las obreras nodrizas las más susceptibles al ataque de *Acarapis woodi*.

Causa principalmente dos tipos de daños:

- Por debilitamiento, debido a la extracción de hemolinfa que realizan las larvas y adultos.
- La obstrucción por presencia de larvas, ninfas y adultos, mudas, etc., que cuando se multiplica la población obstruyen las tráqueas impidiendo la respiración, y entonces las abejas adultas mueren por asfixia.

Los síntomas que se presentan en la colonia son:

- Aparición en otoño y en primavera de individuos muertos en la piquera o proximidades.
- Pecoreadoras de vuelo lento o imposible. Alas dislocadas.
- Abdomen dilatado.
- Disenterías.

Los tratamientos más usuales contra este ácaro se basan en el empleo de distintos productos acarífugos y acaricidas:

- *Acarífugos:* Se trata de sustancias repelentes para el ácaro. Los ácaros mueren con la abeja adulta, aunque hay que mantener unas precauciones mínimas ya que pueden dar un mal sabor a la miel. Los más empleados son el *saliciato de metilo*, el *líquido de Frow* y los cristales de mentol.
- *Acaricidas:* Se trata de productos tóxicos para el ácaro. Se aplican en forma de nebulización térmica y no llegan a penetrar bien, por ello es necesario realizar gran número de tratamientos. Destaca el uso de cartones azufrados, bromopropilato, etcétera.

Varroasis

El agente causante es *Varroa jacobsoni*, que pertenece a la familia Varroidea. Afecta a los estados inmaduros de las obreras y zánganos. Los ataques se producen más intensamente en los zánganos. Al séptimo día la hembra fecundada entra en la celdilla de la larva y deposita los huevos sobre ésta. Estos huevos eclosionan y completan su ciclo en el interior de la celda con el paso de ninfa a adulto. Este paso se completa en el momento en el que la celdilla se opercula y la larva se transforma en pupa. Cuando la larva completa su metamorfismo sale la obrera con los adultos de la varroa.

Las hembras realizan la puesta según sea la larva (obrera o zángano), siendo las puestas respectivamente de 3-5 huevos en el caso de tratarse de una obrera y de 3-7 huevos si se trata de un zángano.

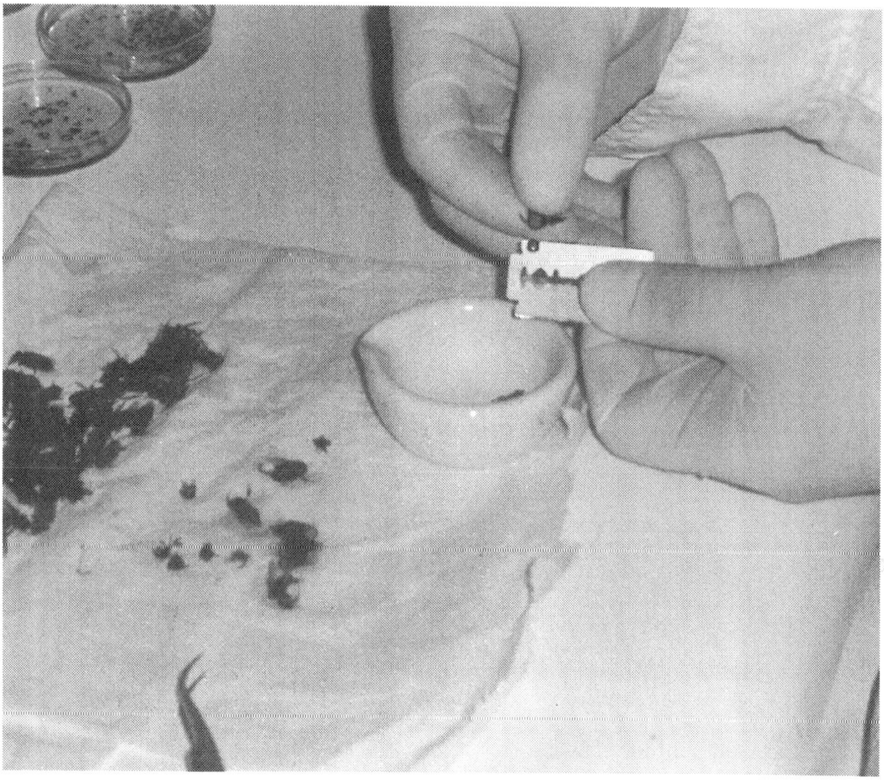

Los daños son debidos a las ninfas y los adultos, con cuyo aparato bucal inyectan saliva y a continuación succionan la hemolinfa de las obreras y zánganos.

- *Daños particulares*: Las larvas y pupas afectadas se dejan ver en la colmena, ya sea ante la aparición de un mayor número de muertes o la presencia de adultos anormales: pequeños, sin alas, con el cuerpo o las alas deformadas, etcétera.
- *Daños generales*: Se produce la muerte masiva de larvas, pupas y adultos, con el consiguiente debilitamiento de la colonia. Aumenta la incidencia de las distintas enfermedades.

La transmisión de la varroa puede ser a través de zánganos, abejas pecoreadoras o mediante el manejo de cuadros o panales infectados. Para su control es aconsejable realizar al menos dos tratamientos espaciados por una semana, con el fin de eliminar a la varroa que permanece en las celdas operculadas. Se pueden aplicar acaricidas (*clorobenzilato, bromopropilato, amitraz, fluvalinato, coumafos*, etc.) por pulverización o por nebulización térmica.

Los enemigos de las abejas

Un aspecto importante del manejo apícola durante períodos de escasez es la protección de las colonias contra otros insectos y animales nocivos. Aquí los principales:

La polilla de cera

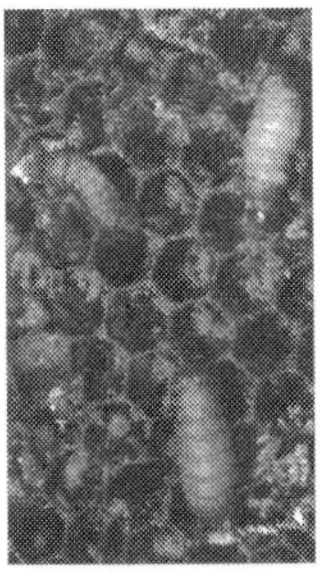

La larva de la polilla de cera es lo que causa el mayor problema en colmenas de abejas; pero hay métodos simples con que se puede evitar este problema.

El agente causante es un lepidóptero (*Galleria mellonella*) que no causa daño directo. Las hembras entran y depositan los huevos, de los que sale una larva. Ésta perfora los cuadros de miel a la vez que va alimentándose de ella.

Los daños son de carácter grave en colmenas con baja población. Las larvas depositan hilos de seda al irse alimentando. Puede afectar a cuadros almacenados.

La polilla adulta entra en la colmena para poner huevos o los pone en rejas al exterior de la colmena. Cuando los huevos puestos afuera incuban, la larva perfora túneles de telas sedosas dentro de la colmena hasta los panales.

La larva de la polilla comienza a desarrollarse dentro de los panales si la colonia no tiene suficiente población de abejas para protegerlos. Al perforar túneles, por el panal se come la cera, los residuos del polen y los capullos dejados por las abejas adultas. Las polillas necesitan más que la cera en su dieta, por eso prefieren los panales más oscuros y más viejos. Destruyen el panal, dejando toldos de excremento y pedazos de cera.

En colonias débiles la larva de la polilla de cera puede hacer sus túneles por el centro del panal de cría. El tejido que dejan enreda la pupa y no deja emerger las abejas adultas.

Las abejas de una colonia fuerte normalmente pueden cubrir y proteger todos los panales y sacar la larva antes de que haga el daño. Pero si ésta se establece en una parte del panal, las abejas abandonan el panal a la larva. Cuando esto ocurre la colonia está perdida porque las abejas pierden su organización. La población disminuye rápidamente y las pocas abejas que sobreviven son echadas del panal.

El problema con las polillas puede resultar de un manejo inadecuado por parte del apicultor, que saca demasiada miel de la colmena por lo que la colonia queda muy débil para proteger el panal. Dejar demasiado panal vacío dentro de la colmena durante el período de escasez también causa problemas con la polilla. El apicultor tiene que calcular la fuerza de la colonia desde el punto de vista de población total y de la habilidad de esa población de proteger todo el panal de la colmena.

El manejo apícola para controlar la polilla de cera se basa en lo siguiente:

- Mantener colonias fuertes.
- Sacar panales vacíos de la colmena durante el período de escasez. Hay que poner los panales más oscuros y más viejos lejos del nido de cría, para que se puedan sacar cuando estén vacíos.
- Limpiar el fondo de la colmena de todos los residuos que han caído. Las polillas pueden comenzar el nido en los residuos y subir al panal. La colmena inclinada hacia la entrada ayuda a que las abejas limpien el fondo antes de que aumenten los residuos.
- No hay que dejar panales en el apiario o almacenados. Esto aumenta la población de la polilla. Al sacar la cera del panal hay que guardarla pura en lugar de almacenarla en el mismo panal. La polilla no puede completar su desarrollo dentro de marquesas de cera pura.

Para su control resulta efectivo tratar la colmena con ácido acético.

El piojillo de las abejas

El agente causante es un díptero (*Braula coeca*). Se trata de una mosca parásita áptera. El adulto se puede confundir con la hembra adulta de la varroa. La morfología del adulto es oval, áptero, con tres pares de patas, dos ocelos y color rojo caoba.

Los adultos permanecen en invierno en la colonia, en particular las hembras permanecen en los panales con miel operculada. La larva es amarilla. Construye galerías dentro del panal, alimentándose de la miel y contaminando con sus deyecciones la miel de la que se alimenta. Ésta, al final, se convierte en pupa en la que emergen los adultos al final de las galerías.

Los piojillos adultos se sitúan sobre el cuerpo de las abejas adultas, sintiendo una especial afinidad hacia la reina más que hacia las obreras. Éstos actúan cuando la reina va a ser alimentada por la nodriza, bajan rápidamente al aparato bucal y le roban la jalea real.

Los daños pueden ser:

- *Sobre las larvas:* se alimentan de la miel de los panales, deteriorando la calidad de la miel.

- *Sobre los adultos:* actúan en la transmisión del néctar, miel y jalea real; preferiblemente sobre la reina, interfiriendo en su alimentación e influyendo negativamente sobre su puesta.

Para su control se recomienda realizar de dos a tres tratamientos, espaciados una semana, con *Folbex VA.*

Intoxicaciones posibles en el apiario

La mayoría de los productos utilizados en un apiario, a las dosis habituales, no tienen una especial toxicidad o riesgo, excepto los ácidos "fuertes" (ácido acético glacial, fórmico), los álcalis (soda cáustica o hidróxido de sodio), o los productos inflamables (nitrato de amonio).

En otros casos la principal toxicidad es por acumulación en el organismo, como puede ocurrir con el *paradiclorobenceno* (antipolillas), que a largo plazo puede producir lesiones en la medula ósea.

La exposición reiterada y sin protección adecuada al *dibromuro de etilo*, a los hidrocarbonados y a los benzoles puede relacionarse con la aparición de ciertos tipos de cáncer. De igual forma los productos organofosforados, como el Perizin, pueden causar toxicidad e incluso lesiones en el sistema nervioso central.

Por todo ello debe insistirse en la necesidad de usar los productos con las condiciones de seguridad señaladas en cada caso.

A continuación una breve guía de la relación entre algunas enfermedades de las abejas y los productos que utilizamos con mayor frecuencia, descritos individualmente:

Fumagilina

Es un agente antiparasitario, no soluble en agua en condiciones normales. Se dispone de poca información sobre su toxicidad en humanos, aunque no se conocen casos de intoxicación por vía cutánea o por las mucosas oculares. Por vía oral puede producir vértigo o inestabilidad, a veces alteraciones cutáneas en forma de dermatitis y manifestaciones digestivas (inapetencia, náusea, vómito o diarrea). Cuando se ha usado en personas con trastornos inmunes se han descrito casos de disminución de algunas células de la sangre (plaquetas y/o neutrófilos).

Amitraz

No se conocen casos de toxicidad debida al contacto dérmico con este producto. Solamente se ha descrito un caso en el mundo de intoxicación por vía oral, y se produjo con dosis muy elevadas tomadas con intención suicida.

Los posibles síntomas de intoxicación por amitraz se relacionan con la depresión de las funciones del sistema nervioso (somnolencia, inconsciencia, coma), disminución del ritmo cardíaco, contracción pupilar, elevación de la glucosa en sangre, caída de la presión sanguínea y vómitos. La elevación de la presión es muy rara, pero puede producirse. En algunos casos, los síntomas que pueden presentarse al contacto con amitraz se deben al solvente empleado (xileno), más que al producto en sí: puede aparecer irritación de ojos o piel, alteraciones cardíacas o depresión del sistema nervioso.

El tratamiento propuesto para el posible intoxicado es el general, evitando en este caso la inducción del vómito.

Ácido fórmico

Se trata de un ácido orgánico fuerte, parecido en propiedades al ácido acético, pero más cáustico. Sus efectos corrosivos pueden llegar a ser severos, pudiendo afectar por contacto ojos, piel y mucosas.

La ingesta de dosis elevadas (50 gramos o más) puede producir salivación excesiva, quemazón en boca y garganta, vómitos con restos de sangre, debidos a erosiones digestivas, diarrea y dolor abdominal severo. Puede llegar a producir colapso circulatorio, fallo renal y muerte.

La exposición ocupacional suele provocar náuseas, y en ocasiones aparición de sangre o proteínas en orina. A veces, tras contactos reiterados, llega a producir sensibilización, con aparición de dermatitis de contacto e incluso de ataques de asma.

Una vez producida la intoxicación, y si no hay compromiso respiratorio, conviene administrar cantidad de agua o leche, para diluir el ácido; no se debe provocar el vómito.

El resto de las medidas a tomar son de índole general (respirar en sitio ventilado, lavado de piel y ojos...).

Timol

El aceite esencial de tomillo es un monofenol, de baja toxicidad. En medicina se ha venido utilizando como antiséptico, y en forma de gargarismos e inhalaciones. Su contacto prolongado con la piel puede dar lugar a irritaciones y pequeñas quemaduras. Se recomienda su manejo con guantes de protección. En caso de contacto prolongado con piel lavar abundantemente con agua y jabón. En caso de ingestión accidental, beber abundantes líquidos.

Ácido acético

Es poco agresivo cuando está diluido, aunque concentrado actúa como un ácido fuerte.

Por contacto, puede producir quemaduras cutáneas; también puede causar irritación ocular y hasta erosiones en la córnea. Si es inhalado, sus efectos van desde la sensación de dificultad respiratoria hasta el dolor del pecho, bronquitis de tipo asmático e insuficiencia respiratoria. Cuando se ingiere, provoca quemaduras en boca y esófago, pudiendo llegar a ulcerar el estómago.

Las medidas a tomar ante la agresión por ácido acético son las habituales. Cuando se ha producido la intoxicación por vía oral es muy importante hacer beber cantidad de agua o leche, para diluir la acidez, y no provocar el vómito bajo ningún concepto.

Además de los citados, existen otros posibles agentes de intoxicación, pero se trata de sustancias que prácticamente no se usan ni se registran en ningún preparado que pueda usarse en un apiario moderno. De todos modos nunca está de más conocerlos, aunque ya casi no aparezcan en productos para el apiario.

Son los siguientes:

Estreptomicina

Antibiótico soluble en agua, que no se absorbe en el tracto digestivo humano; por ello, su uso para el tratamiento de enfermedades de las abejas es bastante seguro para el hombre. Ingerido en cantidades significativas puede provocar náuseas, vómitos o diarrea que raramente resultan importantes. Consumido de forma prolongada por vía oral (lo que es rarísimo salvo intentos voluntarios de intoxicación o en enfermos mentales) puede provocar trastornos de la absorción intestinal.

Oxitetraciclina

Antibiótico muy soluble en agua, con buena absorción en el tubo digestivo humano: aproximadamente el 60% de lo ingerido pasa al torrente sanguíneo, teniendo el máximo de efecto a las 2-4 horas de la ingestión. La cantidad absorbida se reduce de forma importante (hasta la mitad) cuando se ingiere junto con alimentos o leche. Entre sus efectos nocivos destacan la irritación de garganta, náuseas y vómitos, ardor o dolor de estómago, diarreas, pancreatitis y posible

afectación hepática. En algunos casos puede provocar o agravar una insuficiencia renal. Otros efectos a tener en cuenta sólo aparecen en personas alérgicas al producto: asma, urticaria, edema.

Neomicina

También muy soluble en agua, tiene muy poca absorción digestiva (menos del 3% de la cantidad ingerida). Al igual que la estreptomicina, su ingesta en cantidad importante puede provocar náuseas, vómitos o diarrea. Su contacto con la piel, en algunos casos, puede provocar dermatitis.

Cloranfenicol

Sustancia de elevada solubilidad en agua, con muy rápida absorción por vía oral. Su uso en humanos ha sido fuertemente restringido por el riesgo de producir anomalías graves en la médula ósea (alteraciones importantes en la producción de glóbulos rojos, leucocitos y/o plaquetas); dichas alteraciones se producían por lo general en personas predispuestas. También se han descrito efectos tóxicos sobre el sistema nervioso, y reacciones de hipersensibilidad que van desde el simple picor y urticaria hasta la reacción alérgica grave.

En uso oral también en algunos casos se han producido molestias digestivas, como náuseas, vómitos, diarrea, inflamación de la lengua y prurito anal.

Sulfatiazol

Es una sustancia del grupo de las sulfamidas, las cuales son insolubles en agua, a excepción de las sales sódicas. A través de la piel, en especial si está dañada, puede absorberse, favoreciendo la sensibilización a la sustancia y la posterior aparición de reacciones alérgicas.

En personas predispuestas, o tras ingerir elevadas cantidades, los efectos tóxicos pueden afectar a casi cualquier órgano.

Puede producir reacciones dermatológicas: enrojecimiento, prurito, urticaria y diversas formas de dermatitis. También puede desencadenar fenómenos de fotosensibilidad (aparición de lesiones en la piel al exponerla a los rayos ultravioleta de la luz solar).

Se puede alterar la médula ósea, con producción disminuida o alterada de cada una de las células de la sangre y las consiguientes manifestaciones de anemia, trastornos de la coagulación y/o agranulocitosis.

Los riñones pueden dañarse, produciéndose cálculos, pérdida de sangre o proteínas en la orina, y diversos grados de insuficiencia renal.

Puede producir daños hepáticos, desde la simple ictericia hasta lesiones destructivas del hígado.

En tubo digestivo puede aparecer náusea, vómito, dolor abdominal, inapetencia, inflamación de lengua o encías, pancreatitis, gastroenteritis, diarrea e incluso hemorragia digestiva.

También pueden producirse daños en el sistema nervioso, manifestándose como dolor de cabeza, mareo, vértigo, irritación de los nervios periféricos, depresión, alucinaciones, desorientación, confusión, convulsiones, problemas de audición, ansiedad, apatía o brotes de psicosis aguda.

Derivados mercuriales

Se encuentran en desuso por su riesgo como contaminantes ambientales. Son sustancias muy volátiles, lo que facilita la aspiración, sobre todo si se usan en locales cerrados o poco ventilados. Los síntomas de la intoxicación aguda por mercuriales pueden consistir en fiebre, aumento de adenopatías ("ganglios"), urticaria y hasta aumento del tamaño del hígado y bazo.

Salicilato de metilo

Los salicilatos son sustancias medicinales que habitualmente se usan por vía oral para el tratamiento de la fiebre, el dolor y la inflamación. Cuando se emplean en humanos suelen presentar sobre todo efectos digestivos (náuseas, vómito, irritación e incluso úlceras en esófago o estómago) o sobre la capacidad de coagulación de la sangre, que disminuye. A dosis muy elevadas pueden, además, producir efectos sobre el sistema nervioso: disminución de la capacidad auditiva, vértigo, agitación mental, alucinaciones, delirios o torpeza mental, pudiendo llegar a la muerte.

El salicilato de metilo es muy volátil, por lo que la posibilidad de intoxicación es fundamentalmente por aspiración; no obstante, es difícil por esa vía alcanzar dosis lo suficientemente elevadas para producir efectos nocivos, fuera de la posible irritación de las vías respiratorias.

Mentol

Es una sustancia altamente volátil, de escasa toxicidad. Puede provocar irritación en vías respiratorias, que se resolverá simplemente respirando en zona ventilada, alejada de la sustancia.

Cartones azufrados

Conocidas también como tiras de azufre o pajuelas. Su combustión genera vapores de desagradable olor, lo que hace difícil la exposición mantenida a los mismos. Puede tener un efecto irritante sobre vías respiratorias.

Debemos tener en cuenta un riesgo no directamente tóxico que se puede presentar con el uso de estas sustancias: el desprendimiento de anhídrido sulfuroso y anhídrido sulfúrico que se produce puede reaccionar con la humedad ambiental, si ésta es elevada, dando origen a pequeñas cantidades de ácido sulfúrico en suspensión en el ambiente, que pueden causar quemaduras en la piel e incluso en las vías respiratorias.

Bromopropilado (*Folbex Va*)

Se trata de un producto cuya toxicidad se considera baja o moderada. No existen datos publicados sobre riesgo tóxico en humanos. Ante la posibilidad de una ingesta excesiva (accidental o con intención suicida) se deben seguir las normas generales ya comentadas; pudiendo en este caso provocarse el vómito si la toma se produjo en un tiempo inferior a una hora.

Formiatos

Sales del ácido fórmico que tienen toxicidad menos acusada. Pueden llegar a producir alteraciones renales (aparición de albúmina o sangre en orina), depresión circulatoria y alteraciones de la hemoglobina de la sangre.

Sulfuro de carbono

Es una sustancia con capacidad tóxica por todas las vías, aunque usualmente lo es por inhalación. En la piel puede aparecer quemazón, enrojecimiento, vesículas, y posibles quemaduras de 2º y 3er. grado. Sin embargo, sus efectos más importantes tienen como diana principal el sistema nervioso:

- Tras una exposición leve aparecen mareo y dolor de cabeza.
- La exposición moderada se manifiesta como nerviosismo y fatiga.
- En los contactos severos aparece sensación de borrachera, inconsciencia, polineuritis, temblores, dolor de cabeza, psicosis y alteraciones digestivas. Puede asociarse fallo respiratorio.
- La intoxicación extrema se manifiesta con síntomas similares a la enfermedad de Parkinson: trastornos del habla, rigidez muscular, temblor, pérdida de memoria, depresión mental y psicosis.
- Las exposiciones prolongadas al tóxico acaban generando nerviosismo, irritabilidad, indigestión, pesadillas, fatiga, inapetencia y dolor de cabeza.

Cuando el contacto es crónico, los efectos son menos llamativos, pero no menos graves, apareciendo lesiones circulatorias, hepáticas, gastrointestinales, mentales, sensoriales y en el sistema nervioso central.

El tratamiento inicial de la intoxicación aguda es el habitual, ya descrito. No debe intentarse provocar el vómito.

Dibromuro de etilo

Puede generar toxicidad por vía oral e inhalatoria. En general, los efectos suelen ser digestivos (náuseas, vómitos), aunque pueden aparecer síntomas de afectación del sistema nervioso o la actividad mental: dolor de cabeza, debilidad, inquietud o apatía, flacidez, temblores, disminución de la conciencia que puede llegar al coma, inestabilidad emocional, delirios o alucinaciones. En algunos casos se han producido pequeños habones o vesículas en piel.

Soda cáustica (hidróxido de sodio)

Es una sustancia fuertemente alcalina, que puede provocar importantes quemaduras en boca, esófago y estómago, que llegan a ulcerarse y perforarse. Los daños son menores cuanto más diluida está la sustancia. Además de los problemas digestivos, puede producir pulso débil y rápido, y respiración acelerada.

Se deben tomar las mismas medidas ante la intoxicación que con los ácidos.

Formol

Puede ser tóxico por ingesta, o por inhalación, o contacto. Cuando se inhala, aparecerá tos y dificultad respiratoria por una reacción de tipo asmático. Ingerido, provoca quemazón en boca y tubo digestivo, con vómitos sanguinolentos; luego pueden aparecer excitación y convulsiones, seguidas de depresión y colapso; puede provocar daños en el hígado y los riñones. El contacto con la piel o las mucosas provoca enrojecimiento, urticaria, descamación e incluso dermatitis de contacto.

Cuando se ha producido ingestión de formol, debe intentarse administrar agua o leche, para provocar su dilución, e incluso forzar el vómito, si la ingesta se ha producido hace menos de media hora.

CAPÍTULO VII

CÁLCULOS DE INVERSIÓN PARA UN APICULTOR PRINCIPIANTE

Las perspectivas de la producción de miel y otros subproductos de la colmena son más que alentadoras, con una demanda creciente y sostenida. Y lo más interesante es que se trata de un emprendimiento que puede comenzar desde un nivel "micro" y desarrollarse con un crecimiento constante.

Una de las claves para que esto así suceda es entender que un pequeño productor, solo y por sus propios medios, nunca crecerá en forma sostenida. Por dar un solo ejemplo: no tiene sentido comprar elementos de procesamiento de la miel caros y que serían utilizados una vez al año, pero sí lo tiene el juntarse entre varios productores de una misma zona y crear un centro de procesamiento que cada uno pueda utilizar a su turno. La inversión así repartida es accesible, y la calidad de la producción mejora para el productor de un modo que individualmente no hubiera podido ser.

Pero para llegar hay que dar el primer paso, como obvia pero sabiamente aconseja el sentido común. ¿Cuál es la inversión inicial para emprender la cría de abejas y la explotación de los productos de la colmena?

A continuación, el lector hallará algunos cuadros indicativos. Se estimó un apiario de 50 colmenas iniciales; por supuesto, si el lector piensa en un apiario mayor o menor simplemente tiene que hacer los cálculos en forma proporcional.

Los valores fueron calculados en relación con los precios de la Argentina, en noviembre de 2005, a razón de $3 argentinos por dólar.

Inversiones iniciales mínimas (primer año)

Elemento	Valor unitario	Cantidad	Total
Núcleos de abejas	30	50	1500
Colmenas nuevas	70	50	3500
Alambrador	20	1	20
Porta bobina	17	1	17
Ahumador	13	1	13
Palanca	10	1	10
Guantes	9	1	9
Cepillo	2	1	2
Traje apícola	20	1	20
Careta con sombrero	9	1	9
		Total	*U$S 5100*

Inversiones optativas o de adquisición alternativa (primer año)

Se trata de elementos que, o bien no son imprescindibles para los primeros meses de la actividad, o bien pueden —lo cual es siempre una buena opción— comprarse en cooperativa con otros productores.

Elemento	Valor unitario	Cantidad	Total
Extractor de miel	200	1	200
Batea para desopercular	60	1	60
Balde colador	10	1	10
Cuchillo desoperculador	17	1	17
Carretilla para alza	40	1	40
Caldera	30	1	30
Fundidor multiuso	120	1	120
		Total	*U$S 477*

Un dato importante a tener en cuenta es el rendimiento del principal pro-

ducto, es decir, la miel. Con las variaciones lógicas del caso —de hecho, sólo a título de orientación—, los valores que se manejan en el mercado para el kilogramo de miel, tomando el precio percibido por el productor en el campo, oscilan en:

Bajo = U$S 0,90 por kg
Medio = U$S 1,20 por kg
Alto = U$S 1,70 por kg

CAPÍTULO VIII

LOS PRODUCTOS DE LA APICULTURA

Si bien productos apícolas como la miel y la cera pueden ser requeridos por mercados internacionales, todo proyecto de desarrollo debe dirigirse primero a los mercados locales. Un proyecto básico inicial no produce suficiente cantidad para merecer buscar un mercado internacional.

La creación de un mercado local protege a los productores locales de las fluctuaciones de precios del mercado internacional y provee un mercado asequible para productores de escala pequeña.

La miel

Es una sustancia alimenticia producida por las abejas domésticas (*Apis mellifera* L.), con el néctar de las flores o de las secreciones azucaradas procedentes de partes vivas de las plantas o que se encuentran sobre ellas, a las que añaden diversos fermentos y enzimas existentes en su tubo digestivo que transforman estos azúcares.

En la actualidad, con la revalorización de la alimentación equilibrada y natural y los alimentos biológicos, goza nuevamente de una gran reputación como producto natural y bueno para la salud.

La miel tiene un alto valor lucrativo con relación a peso y cantidad. Almacenada correctamente es un producto no perecedero. Es de transporte económico y fácil. Estas características hacen que la miel sea una cosecha atractiva para productores aislados y de pequeña escala.

Formación de la miel

El néctar de las flores es recogido por las abejas, para lo cual utilizan la trompa, órgano equivalente a la lengua. Con ella toman las pequeñas gotas que les ofrecen los nectarios o glándulas secretoras de las flores. Se trata de un proceso físico, además de un proceso químico, en el que se reduce la sacarosa, transformándose en fructosa y glucosa, mediante la encima *invertasa* que contiene la saliva de las abejas.

El néctar es almacenado en el buche, pequeña bolsa elástica que poseen separada del aparato digestivo, donde se mezclan con enzimas (invertasas) procedentes de las glándulas salivares que inician el proceso de transformación de las sustancias melíferas en miel.

Para llenar el buche es necesario el aporte del néctar de 1.000 a 1.500 flores. La abeja, si lo necesita, puede tomar algo de néctar del buche para su propio alimento, pero la mayor parte irá a la colmena, donde lo regurgitará pasándolo boca a boca a otras obreras, fenómeno conocido como *trofalaxia.* Más detalladamente, esto consiste en que la abeja pecoreadora, con su buche completo de néctar y mezclado con invertasa, al llegar a la colonia lo traspasa a una obrera almacenista, que también lo almacena en el buche aumentando la concentración de invertasa hasta 20 veces. Como en el interior de la colonia la temperatura es elevada entonces se produce una deshidratación natural del néctar. Este traspaso del néctar, con su sucesiva concentración, entre las distintas obreras de la colonia finaliza cuando la última obrera almacenista lo deposita en una celdilla, a un tercio de su capacidad. En su interior continúa el proceso enzimático y el néctar pierde agua hasta que madura. Una vez madurado, la obrera añade el segundo tercio y continúa el proceso hasta su total capacidad. Cuando la miel está elaborada la depositan en celdillas. Posteriormente cierran la celdilla con cera (*operculación*) para su almacenamiento definitivo.

La transformación bioquímica que lleva a la formación de la miel se acompaña de una deshidratación progresiva. El contenido en materia seca pasa de un 30% a un 80%, por evaporación del agua, lo cual consiguen las abejas gracias a una enérgica ventilación producida con sus alas. De esta manera, con la deshidratación y la acción de la invertasa —que sigue actuando en el néctar almacenado— es como se consigue la miel.

Si las condiciones ambientales no son las adecuadas (baja temperatura), la miel es trasvasada por una cadena de abejas almacenistas hasta que queda totalmente elaborada.

Constituyentes de la miel

COMPOSICIÓN PORCENTUAL DE LA MIEL		
Constituyentes	**Valor medio (%)**	**Rango (%)**
Principales constituyentes (99 % de la miel)		
AGUA	17,0	13,4 - 26,6
FRUCTOSA	39,3	21,7 - 53,9
GLUCOSA	32,2	20,4 - 44,4
SACAROSA	2,3	0,0 - 5,6
OTROS AZÚCARES	8,8	-
Constituyentes secundarios		
Total ácidos (glucónico)	0,57	0,17 - 1,17
Minerales	0,17	0,02 - 1,03
Aminoácidos y proteínas	0,04	0,00 - 0,13
Enzimas	Traza	-
Aromas	Traza	-

Tipos y propiedades de la miel

Según su origen podemos encontrar dos tipos de mieles:

- *Miel de origen vegetal:* miel y mieladas. Según el tipo de flores se puede distinguir entre la miel unifloral o monofloral, en las que predomina el néctar de una sola especie botánica, y la miel multifloral, polifloral o milfloral, que proviene de la miel de néctar de distintas especies botánicas.
- *Miel de origen animal:* mielatos. Son excreciones de insectos y no se pueden comercializar ya que estos mielatos no son aptos para el consumo humano. No se aconseja dejarlos en la colonia debido a su rápida degradación; además, producen disentería en la colonia.

Según su presentación y obtención se distinguen:

- Miel de panal o secciones: miel más cera.
- Miel decantada: se abren los opérculos y se la deja caer por su propio peso.
- Miel centrifugada: es la más corriente. Se toma el panal de la colmena, se desopercula y se traslada a un extractor centrífugo.

- Miel prensada: se prensan los panales. Esta técnica de extracción no se emplea ya que se obtiene una miel que contiene muchas partículas, restos de cera, etc., todo lo cual le da un sabor desagradable.
- Miel cremosa.
- Miel cristalizada.

Desde hace miles de años la miel se emplea como alimento y como remedio debido a sus propiedades antibacterianas y efectos positivos para el organismo. La miel es un alimento muy energético, rico en elementos minerales como calcio y zinc, que la hacen un producto idóneo para esfuerzos físicos y muy aconsejable en alimentación geriátrica y en niños en edad escolar. También tiene propiedades dermatológicas, empleándose tópicamente contra quemaduras y úlceras en la piel. Actúa como vasodilatador, diurético y laxante debido a su alto contenido en fructosa.

Aspecto, propiedades físicas y composición química de la miel

Se trata de un producto biológico de composición compleja y diversa, variando sus caracteres en función de la procedencia, las plantas que han proporcionado el néctar, el procedimiento de extracción, etc. No se debería hablar de "miel", sino, más apropiadamente y como se habla de "vinos" o "quesos", de "mieles".

- CONSISTENCIA

Recién extraída presenta un aspecto casi líquido, como corresponde a una solución acuosa concentrada, más o menos fluida, y su consistencia aumenta con el tiempo; antes de un año de su extracción suele presentar un aspecto granuloso y se transforma en una masa pastosa, granulada y opaca.

- COLOR

Varía desde los tonos blancos hasta los pardos oscuros; existen mieles rojizas, amarillentas o verdosas, aunque predominan los tonos castaño-claro o ambarinos. El color oscuro no significa que sea de calidad inferior. Por el contrario, se sabe que cuanto más oscura es la miel, más rica es en fosfato de calcio y en hierro y, por lo tanto, más adecuada para satisfacer las necesidades de los organismos en crecimiento, de los individuos anémicos y de los intelectuales sometidos a esfuerzos mentales. La miel de color claro es más rica en vitamina A y las mieles oscuras son más ricas en vitaminas B1 y C.

❍ OLOR

El olor depende de la planta en que las abejas han recogido el néctar. Las mieles monoflorales tienen el olor característico de la planta de que proceden.

❍ SABOR

Es marcadamente dulce, modificado también por las plantas usadas para la elaboración de la miel. En general, el sabor de las mieles de color claro es más suave que el de las de color oscuro, que lo tienen más intenso. Independientemente de su color, la miel puede ser más o menos dulce, a veces picante y, en algunos casos, extremadamente amarga, hasta el punto de no poder consumirse.

❍ HIGROSCOPICIDAD

Es la tendencia a absorber agua, que depende, en parte, de la proporción de azúcares, ya que la fructosa es más higroscópica que la glucosa. Por ello, cuando se hidrata la miel, absorbe humedad de la atmósfera o por el propio proceso de envejecimiento se puede producir una separación de fases, quedando la glucosa en el fondo y la fructosa en una solución más acuosa en la parte superior, aumentando así el peligro de fermentación.

Formas de extracción

Dependiendo de las regiones, de la bonanza de la estación y de la duración de la floración, la miel se recoge normalmente una o dos veces al año.

Los procedimientos de extracción se pueden reducir básicamente a los tres siguientes:

❍ EXTRACCIÓN POR DECANTACIÓN O ESCURRIMIENTO

La miel que se obtiene por este método procede de la decantación de los panales desoperculados que no contengan larvas.

Este procedimiento se aplica inmediatamente después de haber sacado los panales, cuando la miel aún está caliente y se escurre con facilidad. Se ponen los panales encima de un tamiz fino y se frotan contra él, a mano; la miel fluye y se recoge en recipientes colocados debajo del tamiz.

Empleando los mejores y más blancos panales se obtiene un producto que recibe el nombre de "miel virgen".

❍ EXTRACCIÓN POR FUERZA CENTRÍFUGA

Es prácticamente el único método que se utiliza en la actualidad. En las colmenas de cuadros se efectúa la extracción por este método muy fácilmente. Se comienza desoperculando las celdas que contienen la miel con cuchillos especiales, que se llaman "desoperculadores" (ligeramente calientes); después se ponen los panales desoperculados en las centrífuguas y se verifica la extracción. La fuerza centrífuga hace que la miel salga de las celdas, atraviese una tela metálica y vaya al recipiente de donde se recoge por medio de una espita. Una vez aquí la miel pasa a través de un tamiz.

La miel se extrae por centrifugación de los cuadros sin romper las celdillas de cera para que puedan ser reutilizadas, con el consiguiente ahorro energético para las abejas, que pueden realizar con plenitud las demás labores de la colmena; asimismo, esto permite mayor limpieza en la extracción y un considerable aumento en la producción de miel (de 6 kg/año en las colmenas de corcho, a 30-45 kg/año en las colmenas movilistas).

Para ello, primero hay que desopercular las celdillas de los panales sin larva que contienen la miel, y por centrifugación extraerla en grandes tambores que pueden contener hasta 24 cuadros. Antes de la existencia de estos cuadros móviles, la extracción de la miel se realizaba por presión, lo que implicaba la destrucción de gran parte de la colmena, hecho que suele ocurrir aun en el caso de que se aprovechen colmenas silvestres.

❍ EXTRACCIÓN POR PRENSADO

Se obtiene por el prensado de los panales sin larvas, sin calentamiento o con calentamiento moderado. La miel que se obtiene por este método no puede utilizarse para el consumo de mesa.

Las mieles que se obtienen fríamente por decantación o centrifugación son más estimadas que las que se obtienen por prensado y aplicación de calor.

Presentaciones de la miel

La miel se presenta de distintas formas, las principales de las cuales son las siguientes:

- **Miel con trozos de panal:** es la que contiene trozos de panal, exentos de larvas.
- **Miel cruda:** es la extraída de los panales y que no ha sido pasteurizada. Puede estar líquida o sólida.
- **Miel pasteurizada:** es la extraída de los panales y que se ha pasteurizado para evitar la fermentación y la cristalización. Por ello suele estar líquida.
- **Miel cremosa:** es una miel natural que se ha sometido a un proceso para conseguir que cristalice de forma fina y homogénea

Composición de la miel según su origen

El diferente origen puede hacer que varíen sus características físicas y químicas, como puede verse en la tabla que sigue, lo que se tiene en cuenta para su uso posterior, especialmente en el ámbito industrial, como en panadería, repostería, etcétera.

COMPOSICIÓN MEDIA DE AZÚCARES EN LAS MIELES DE CÍTRICOS, ROMERO, O DE BOSQUE % EN LA MIEL				
	AZÚCARES	CÍTRICOS	ROMERO	BOSQUE
Monosacáridos	Fructosa	36,06 +/- 1,27	35,26 +/- 1,23	34,38 +/- 2,77
	Glucosa	29,30 +/- 1,31	29,52 +/- 1,3	28,03 +/- 2,54
Disacáridos	Sacarosa	1,47 +/- 0,99	1,12 +/- 1,11	0,25 +/- 0,36
	Trehalosa	0,62 +/- 0,31	0,56 +/- 0,18	0,52 +/- 0,21
	Isomaltosa	1,08 +/- 0,38	1,16 +/- 0,31	1,98 +/- 0,83
	Maltosa	4,84 +/- 1,12	5,72 +/- 0,73	5,42 +/- 1,7
	Turanosa	-	-	0,77 +/- 0,31
	Kojibiosa	0,42 +/- 0,14	0,57 +/- 0,17	0,41 +/- 0,11
	b -Gentibiosa	0,04 +/- 0,07	0,17 +/- 0,13	0,14 +/- 0,06
	Melibiosa	0,56 +/- 0,25	1,08 +/-0,52	0,97 +/- 0,36
Trisacáridos	Rafinosa	0,38 +/- 0,41	0,56 +/- 0,71	3,78 +/-3,24
	Erlosa	0,42 +/- 0,46	2,20 +/- 1,75	1,05 +/- 0,56
	Melecitosa	0,83 +/- 0,7	1,12 +/- 0,98	3,46 +/- 3,61
	Maltrotiosa	0,45 +/- 0,55	0,60 +/- 0,70	0,11 +/- 0,18

El contenido en agua es esencial y nunca debe sobrepasar el 20%. La miel madura posee menos de un 2% de sacarosa, el azúcar original del néctar, que se va convirtiendo en glucosa y fructosa por acción de la invertasa, aún activa en la miel almacenada si no se la somete a tratamientos violentos (como puede ser aumento de temperatura, etc.). El contenido de azúcares (glucosa y fructosa) es la parte más importante de la composición.

También contiene proteínas, aminoácidos y otros productos nitrogenados que, aunque presentes en muy pequeñas cantidades, modifican sus propiedades físicas y organolépticas.

La presencia de los ácidos málico y cítrico, comunes en el mundo vegetal, le confieren parte de su sabor, que queda algo insípido cuando se neutralizan aquellos para eliminar la posible acidez.

La miel posee la mayoría de los elementos minerales esenciales para el organismo humano.

Se constata la presencia de fósforo, hierro, calcio y cobre. Estas materias minerales se absorben directamente por el aparato circulatorio. De aquí que por su contenido en hierro, útil para los anémicos, y en fosfato de calcio, altamente remineralizante, se recomiende en las afecciones de los huesos y de los pulmones.

Se han encontrado igualmente en ella: magnesio, azufre, yodo, cloro, potasio, y un conjunto extraordinario de oligoelementos esenciales para el organismo tales como: manganeso, silicio, boro, cromo, aluminio, litio, níquel, plomo, estaño, titanio, zinc, cadmio. Es curioso constatar un paralelismo cuantitativo de ciertas sales minerales entre la sangre humana y la miel. Se encuentran cifras muy próximas especialmente en lo que concierne al magnesio.

El complejo vitamínico se centra en las vitaminas: A (antixeroftálmica), E (de la fertilidad) y K (antihemorrágica). También han sido descubiertos trozos de vitamina C, B1 (tiamina), Factor P.P. (componente de la vitamina B3, relacionado con el ácido nicotínico) y vitamina B2 (riboflavina).

Y, por último, aparecen también en la miel sustancias coloides de muy diferente naturaleza, como materias proteicas, partículas de cera, granos de polen, enzimas, hormonas y antisépticos. Entre este conjunto de sustancias hay que destacar las enzimas o fermentos siguientes: diastasa o amilasa, invertasa o sacarasa, catalasa, peroxidasa y lipasa.

Algunos expertos en nutrición atribuyen sus propiedades excepcionales a los fermentos que proporciona.

Conociendo la importancia de las funciones biológicas que desempeñan estos elementos minerales y orgánicos, no es de extrañar que se recomiende como sustituto de otros azúcares refinados, que sólo poseen valores energéticos.

Al captar por intermedio de la flor las radiaciones vivificadoras del sol, la miel constituye una maravillosa fuente de elementos, y es probable que aún estemos lejos de haber desvelado todos sus secretos.

Valor nutritivo

La miel es un dulce natural y un alimento que sobrepasa en poder energético, es decir, como fuente de calor y energía, a todos los demás alimentos naturales.

Es un producto predigerido que evita a nuestro organismo el trabajo de efectuar esa operación. Aquí radica su gran digestibilidad y fácil asimilación. Por otra parte, no deja residuos a su paso por el tubo digestivo y, sin embargo, aumenta su ligereza al mismo tiempo que estimula la función hepática gracias al efecto de sus enzimas. Sus carbohidratos son más simples que los del azúcar de caña o remolacha y no llegan a producir los posibles ardores fruto de la fermentación por la difícil digestión de azúcares más complejos.

Por su composición rica en glucosa y fructosa, constituye un alimento energético de gran calidad para los niños y los deportistas. Su ingestión permite una alimentación inmediata e intensiva en todo el sistema muscular, especialmente del corazón, al que la glucosa llega rápidamente. La fructosa, como azúcar de absorción digestiva lenta, es atraída por el hígado donde se almacena en forma de glucógeno para ser utilizada cuando el organismo lo necesite, desarrollando la función de fuente de energía de vital importancia para los que desarrollan trabajos con gran actividad física.

El elevado contenido en azúcares hace que su utilización principal sea como edulcorante. Con frecuencia sustituye al azúcar (400 calorías por 100 gramos) debido a su menor aporte calórico (316 calorías por cada 100 gramos).

Aunque no hay inconveniente en tomarla sola, su dulzor resulta excesivo para algunas personas. Es aconsejable diluirla en leche o en infusiones o bien asociarla a otros alimentos, como pan, galletas, frutas, etcétera.

En el caso de los deportistas, he aquí las dosis aconsejadas según el deporte que se practique:

- ENTRENAMIENTO: 30 gramos al día, repartidos en diversas comidas.
- CARRERAS: 15 a 50 gramos tomados unos veinte minutos antes del ejercicio y la mitad de esta dosis, aproximadamente, cada kilómetro.
- REMO: 50 a 60 gramos, media hora antes de la salida.
- CICLISMO: Como en el entrenamiento y durante el trayecto.
- FÚTBOL: 50 a 60 gramos, media hora antes del partido. En el descanso, un poco de limonada con miel.

Por su riqueza en fósforo, es aconsejable para los que desarrollan actividades intelectuales.

En algunos lugares la miel también se usa para hacer bebidas alcohólicas, como *vino de miel* y *aguamiel*. En algunas partes de África, la *cerveza de miel* es una bebida tradicional y popular.

Consejos y secretos

Toda miel contiene alguna cantidad de polen. El único problema con un gran contenido de polen es que le da una apariencia nublada a la miel y puede darle un sabor más fuerte. La miel exprimida del panal tiene más contenido de polen que la extraída.

El contenido de agua es importante para determinar la calidad de la miel. Toda miel contiene levaduras. Para prevenir que estas levaduras naturales crezcan y causen la fermentación de la miel, el contenido de agua tiene que ser menos del 19%, en cuyo caso se la llama "miel madura". Con más del 19% de agua se la considera "miel verde" o "cruda".

Al madurar la miel, las abejas sellan las celdas del panal. Por eso para la cosecha se debe usar sólo panal de miel sellado u operculado. Esto asegura que la miel está madura y que se preservará bien. La miel madura almacenada en envases tapados y guardada en lugares frescos dura mucho tiempo. No necesita refrigeración.

La miel exprimida es la más fácil de producir en proyectos de pequeña escala. Para reducir el contenido del polen en la miel, hay que examinar el panal por señas de polen antes de exprimirlo. Se puede ver el polen si se pone el panal a la luz.

Las partes del panal que contienen el polen se pueden cortar antes de exprimir, y se guardan para uso casero. El polen y el panal también son comestibles. De hecho, el polen es una comida muy nutritiva.

Después de sacar la miel de los panales, se la debe poner en un envase tapado. La miel es *higroscópica*: absorbe la humedad del aire. Si se deja destapada en un medio ambiente húmedo, el contenido de agua sube y la miel se fermenta. La contaminación de la miel con abejas muertas también le aumenta el contenido de agua, además de dañar la apariencia.

La miel fermentada contiene espuma y burbujas: por eso, añadir agua a la miel para aumentar la cantidad es inútil. Rápidamente se produce miel fermentada y obviamente compradores insatisfechos. La gente que compra miel y paga por miel... quiere miel. No quiere una mezcla de agua azucarada.

La miel se puede vender embotellada o en panal: la venta de la miel dentro del panal es una manera de asegurarle al comprador la calidad del producto. La miel del panal está sellada por las abejas dentro de la colmena, así que el comprador puede ver que no ha sido contaminada con agua azucarada. La venta de miel en panal es fácil para apicultores que están usando sistemas de tecnología intermedia.

Que la miel cristalizada o granulada es el resultado de contaminación con agua azucarada es una idea equivocada muy común. La realidad es que la miel se puede cristalizar aun sin ninguna contaminación, porque se trata de una solución natural de azúcares concentrados y la cristalización es normal. Algunas mieles producidas por ciertas flores tienen más tendencia a cristalizarse.

La miel cristalizada no está dañada. Se puede licuar por medio del proceso de calentarla lentamente. El mejor método de calentar la miel es poner la botella dentro de agua caliente, porque calentarla directamente puede acaramelar los azúcares, dándole un sabor a quemado.

Pero calentar la miel le cambia el sabor, por eso es mejor evitar el uso de calor en el proceso de preparar la miel para la venta.

En el embotellamiento de miel en volumen a veces se calienta la miel para disolver los cristales de azúcar. Esto previene la cristalización cuando la miel se embotella. No se trata de un proceso de pasteurización.

El proceso de calentar la miel debe controlarse muy cuidadosamente, y en emprendimientos de pequeña escala se debe evitar este procedimiento.

El proceso de calentar también se usa para derretir la cera y para sacar los residuos de miel de los panales ya extraídos. Estos residuos son de menos calidad y se prestan a uso casero.

Hay varios exámenes que los compradores comerciales usan para certificar la pureza y la calidad de la miel. Si un proyecto apícola crece al punto que se esté vendiendo a compradores comerciales, la calidad del producto determina el precio recibido.

Es importante poner énfasis en la idea de calidad desde el principio. Aun con colmenas de panal fijo, es posible mejorar la calidad de la miel si se tiene cuidado en su cosecha y en su embotellamiento. Muchos sitios tienen un mercado potencial sin desarrollar. La calidad del producto es importante para desarrollar y mantener el mercado.

Cristalización

La cristalización de la miel es un fenómeno natural importante, ya que de él depende, en parte, su calidad. Las mieles son perfectamente fluidas en el momento de su extracción, pero con el paso del tiempo tienden a solidificarse. La granulación o cristalización consiste, sencillamente, en la formación de cristales de azúcar en su interior; es decir, es la separación de glucosa en forma sólida, ya que la miel es químicamente una solución sobresaturada de azúcares, por lo que éstos tienden a precipitar, o sea, a formar cristales sólidos según las proporciones de glucosa, fructosa y agua.

No todas las mieles cristalizan con igual rapidez, algunas lo hacen a los pocos días de su recolección (miel de girasol) y otras incluso al cabo de años (miel de anís), si tienen la temperatura adecuada.

La miel no cristaliza por debajo de los 5° C ni por encima de los 25° C. La temperatura óptima de cristalización es la de 14° C, debiéndose evitar el intervalo de 12 a 16° C si se quiere preservarla de este fenómeno. A una temperatura de 10° C el proceso de cristalización se hace tan lento que prácticamente puede considerarse como nulo, y a los 78° C se destruyen los cristales y desaparece totalmente el fenómeno. Por ello, el proceso de pasteurización que utilizan las grandes industrias que comercializan la miel hace que ésta se mantenga líquida por más tiempo.

Pasteurización

Es un proceso por el que se somete a la miel a un choque térmico elevado (78-82°), aunque de corta duración (2-3 minutos), que destruye la mayor parte de las estructuras cristalinas iniciales que favorecen la total o parcial cristalización de la miel, permitiendo que ésta permanezca líquida durante más tiempo.

La pasteurización disminuye la riqueza aromática, al ser ésta debida, principalmente, a componentes volátiles que se pierden a temperaturas elevadas.

Una pasteurización defectuosamente realizada se traduce en una pérdida de la diversidad en sabores, al producir una parcial caramelización de los azúcares, situación a la que debe atribuirse, igualmente, el oscurecimiento en tonalidad de la miel, fenómeno que acompaña a este proceso.

Si consideramos a la miel no sólo un edulcorante sino también un *alimento vivo*, se pude decir que la pasteurización la convierte en un producto en el que se ha reducido su riqueza enzimática, que es la verdadera garantía de un procesado artesanal y el fundamento de la acción bacterioestática de este alimento.

En la actualidad, el consumidor está acostumbrado a ver que en los comercios la mayoría de las mieles son líquidas, olvidando, desconociendo e incluso rechazando otro tipo de mieles, las cristalizadas, que son las que ofrece generalmente el productor, que por lo dicho anteriormente suelen reunir unas características superiores a las mieles líquidas.

También hay que ser prudente al relacionar de manera inequívoca calidad con cristalización, dado que una miel pasteurizada y con algunos defectos cualitativos puede cristalizarse natural o artificialmente; es decir que puede haber miel cristalizada de calidad deficiente. Por otra parte, si el proceso de pasteurización está bien hecho y la materia prima es buena, se pueden producir mieles líquidas que conservan gran parte del aroma y del contenido enzimático inicial.

El consumidor debe tener conocimiento suficiente para tener criterios de selección diferenciales sobre el producto que desea comprar. En este sentido, debe conocer que existen:

- Mieles monoflorales con una singularidad y personalidad específica frente a las multiflorales.
- Mieles cristalizadas y líquidas con sus características diferenciales.

- Mieles artesanales frente a las industriales.
- Mieles con características terapéuticas diferentes unas de otras.

Fabricación de miel cremosa

Existen dos posibilidades para modificar la apariencia de la miel cristalizada. Una consiste en demorar o evitar que la miel se granule sometiéndola a cierto calentamiento, suficiente para volver a licuarla. Ese calentamiento puede tener como consecuencia la disolución de todos los cristales de dextrosa presentes en la miel, incluyendo los más pequeños, que luego podrían constituir núcleos para una nueva cristalización.

La otra posibilidad es someterla a un batido mecánico para romper los cristales, logrando con este proceso que la miel tome una consistencia cremosa, invariable a través del tiempo, ideal para untar, de aspecto agradable, más clara que el mismo producto líquido, y muy cómoda para utilizar ya que no chorrea y se puede emplear como si fuera mermelada.

La batidora consiste en un tambor vertical donde se introduce la miel, y un eje movible con paletas que, a medida que giran, van modificando la textura de la miel.

La única forma de lograr miel cremosa es partiendo de miel granulada. Dado que la fabricación de este tipo de miel se está incrementando en los últimos tiempos, se pueden ver en el mercado máquinas de diferentes marcas y precios. Los requisitos sanitarios para la evaluación de la miel cremosa son idénticos a los requeridos para la instalación de cualquier establecimiento de extracción y envasado de miel habilitado.

La miel a través de la historia

En la prehistoria, la apicultura se limitaba a la caza de nidos de abejas, lo cual ha quedado fielmente reflejado en varias pinturas rupestres.

Se suele decir que la técnica de criar y sacar provecho de las abejas tuvo su origen en la parte baja del valle del Guadalquivir, en España, donde desde principios de la Edad de Bronce existía una población de origen africano, los tartesios, que eran grandes apicultores.

Los fenicios, con los cuales mantenían transacciones comerciales, dieron a conocer las prácticas apícolas a Babilonia y otros pueblos de la antigüedad, entre ellos Egipto.

En el Oriente Medio hay evidencias como para afirmar que la miel y las abejas desempeñaron un papel importante en los primeros tiempos de la civilización de las poblaciones que vivían en aquella zona.

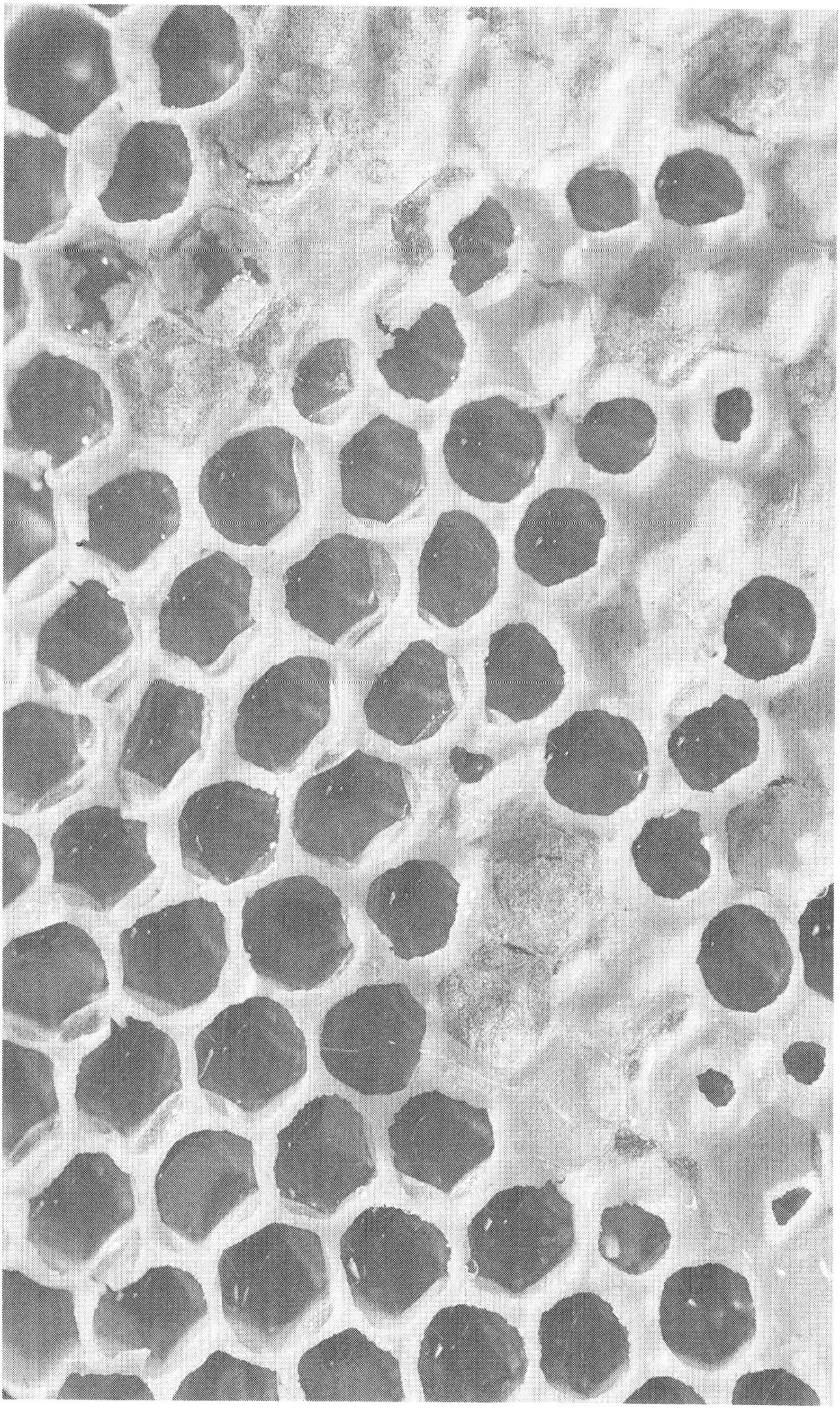

En Egipto se hallaron registros históricos en mayor número que en otras partes del mundo. Muchas tumbas de los primeros faraones tienen figuras y gráficos de abejas. La miel era uno de los ingredientes básicos en la conservación de las momias de los personajes importantes.

El *Papiro Ebeus*, que se guarda en la biblioteca universitaria de Leipzig y que se considera el primer libro medicinal del mundo, contiene una serie de recetas contra diferentes enfermedades de la mujer, de los ojos, etc. En la mayor parte de los medicamentos prescritos figura la miel como elemento principal. Parece ser, también, que bajo el régimen de Ramsés II, los altos funcionarios recibían una parte de su sueldo en forma de miel.

La Biblia, por su parte, también contiene numerosas alusiones a la miel, por lo que es una interesante fuente de datos para su estudio en la antigüedad.

La primera cita en el *Antiguo Testamento* está en Génesis 43:11, cuando Jacob señala a sus hijos que lleven ante José, entonces gobernador de Egipto, los presentes que éste había solicitado, entre los que figura este producto.

La miel se destinaba, junto con los restantes productos del agro, como primicia para pagar el diezmo, que era percibido por los levitas, utilizándose también como pago en especie por algún bien o trabajo realizado.

Ocupaba un puesto primordial en la consideración de los hebreos. Cuando los escritos se refieren a la tierra prometida por Yavé a su pueblo, hablan de la "tierra que mana leche y miel". Se cita constantemente en los fragmentos poéticos del texto bíblico como sinónimo de sabiduría: en Proverbios 24:13 se dice que la miel y el panal mielado son como la ciencia y la sabiduría.

Pero la Biblia no habla en ningún momento de colmenas, cajas, corcho u otros recipientes donde se hallase instalada una comunidad de abejas regidas por su reina. Ello hace pensar que debían de predominar, sobre todo, los enjambres de tipo silvestre. En Deuteronomio 32:13 y Salmos 81:17 se habla de la "miel de las peñas", de lo que se deduce que los enjambres debían situarse en las grietas de las rocas, buscando así la sombra y el frescor en aquellas zonas de intenso calor.

En la Grecia antigua, donde la tradición decía que el dios Zeus —padre de todos los demás dioses— había sido alimentado con miel durante su infancia, se la consumía en abundancia. La más conocida era la de miel de Himeto, de sabor exquisito, llamada la "miel de los dioses".

Era el primer alimento que se daba a los niños después de la leche materna. Asimismo los atletas la utilizaban en los períodos de entrenamiento. Alejandro Magno fue sepultado en miel para evitar una rápida descomposición de su cuerpo.

Las virtudes higiénicas de la miel, muy apreciadas por los antiguos, hacían que los filósofos, especialmente los pitagóricos, le dieran preferencia en su régimen. Atribuían a la miel su longevidad y salud floreciente a la avanzada edad que alcanzaron muchos de ellos: se dice que Hipócrates murió a los 107 años y Anacreonte a los 115.

También su consumo llegó a ser enorme en todo el Imperio Romano. Si bien la provincia Hispana era una de las principales abastecedoras, alcanzó gran prestigio la miel de Hibla (Sicilia), por su exquisito sabor y propiedades medicinales.

La miel y el entonces ya conocido vino de miel eran importantes artículos de comercio. El senador romano Paulus Romelius celebró el centenario de su nacimiento acompañado por Julio César; éste le preguntó de qué medios se había valido para conservar tan sano y vigoroso aspecto, y la respuesta fue: "*Interius, mellis; extrinsecus, oleum*" ("interiormente, miel; exteriormente óleos").

Pero no sólo la comían los patricios y senadores, sino también el pueblo, los soldados y los gladiadores, a los que daba vigor y fortaleza.

Los perfumistas romanos utilizaban la miel en gran número de aceites aromáticos destinados al tocador. En farmacia, la empleaban principalmente para combatir las afecciones de los ojos, garganta, nariz, oídos y pecho; pura o mezclada con otras sustancias tenía fama de curar las heridas, las mordeduras de animales venenosos y el envenenamiento por las setas.

Las frutas se conservaban en miel y de este modo se procuraban fruta para todo el invierno y al mismo tiempo un jarabe impregnado del gusto de aquéllas. Además, se empleaba mucho para hacer bebidas dulces como el *hidromiel*, mezcla de agua y miel que se bebía en el campo. Dejando fermentar esta mezcla se formaba una bebida embriagadora (*agua mulsa inveterata*). Siguiendo las fórmulas de elaboración de los antiguos romanos se obtiene un líquido que —por color, sabor y propiedades— se parece a los mejores vinos blancos. Con mosto de vino y miel se hacía otra bebida llamada *mellitites*, la cual se hacía fermentar para conservarla.

Al parecer la frase "luna de miel" tiene origen en la costumbre romana de que la madre de la novia dejase cada noche en la alcoba nupcial, a disposición de los recién casados, una vasija que contenía miel. Esta costumbre perduraba toda una luna y resultaba significativa del alto aprecio que los romanos tenían por ella.

Con la expansión del Imperio Romano la apicultura se extendió por las zonas germano-eslavas del norte de Europa.

La miel como afrodisíaco es usada por todos los pueblos orientales. Pero a diferencia de otras culturas vecinas, en los árabes el tema erótico representa fundamentalmente un código de conducta ético, unas reglas o preceptos morales a seguir, encaminadas a la práctica de unas relaciones sexuales más sanas que tienen como telón de fondo el precepto de la procreación.

La utilización de afrodisíacos entre los árabes, entonces, más que complemento erótico se puede conceptuar como una norma médica. Los afrodisíacos más comunes que observamos en los pueblos orientales son las especias, el huevo, la miel, los frutos secos y las cebollas. Entre los árabes la miel alcanza gran importancia para el fortalecimiento de la potencia sexual.

Muchos de estos remedios antiguos han pervivido generación tras generación.

Los pueblos orientales fueron también los iniciadores y creadores de una técnica culinaria de la miel.

La cocina china, con más de 5.000 años de antigüedad, puede considerarse como la cocina madre de todo el sudoeste asiático. De ella proviene la famosa "carpa agridulce", que se rocía con una mezcla de aceite, vinagre y miel.

El "pato laqueado de Pekín" es un plato que sobrepasa los 600 años de antigüedad y que hoy es considerado en China como un plato nacional. El proceso de su preparación es complejo y se divide en siete etapas; en dos de ellas la miel tiene un protagonismo fundamental.

En España, en los revueltos tiempos de la Reconquista, existían numerosas partidas de bandoleros que saqueaban y arrasaban las colmenas. Esto obligó a los colmeneros a constituirse en hermandades para defender sus bienes, alcanzando gran importancia las de Talavera y Toledo, que fueron protegidas por la legislación de Fernando III de Castilla. Después del descubrimiento de América, los colonizadores llevaron al Nuevo Mundo colmenas repletas de abejas para asentarlas en las nuevas colonias.

Con la Reforma protestante del siglo XVII, el número de colmenas se redujo fuertemente en Europa. La causa fue la disminución de la demanda de cera. Por la importación del azúcar de caña procedente de Arabia y de las nuevas colonias americanas, la apicultura sufrió otro retroceso que la llevó a una mayor reducción de las colmenas de abejas. A pesar de la competencia que le suponía la caña de azúcar como edulcorante, la apicultura se siguió desarrollando por la importancia que alcanzó la miel en sus aplicaciones farmacéuticas y cosméticas.

La apicultura fue, también, distintiva de nobleza. En 1623, el papa Urbano VIII tomó las abejas como símbolo para su escudo pontificio. El mismo Napoleón, al proclamarse emperador en 1804, sembró de abejas el manto imperial y más tarde las puso por emblema en la bandera de la Isla de Elba, al ser desterrado allí.

Está visto que en todos los lugares y en todas las épocas la miel ha sido objeto de consumo y uso por parte de la humanidad.

EL POLEN

El polen o "pan de abeja" es fundamental en la alimentación de las larvas que van a originar las futuras obreras y, en menor medida, a los zánganos. Su composición es variada. Es un alimento muy proteico y que sirve para preparar antialérgicos.

Para la recolección de polen se sitúa en la piquera un aparato especial llamado "cazapolen", compuesto por una plancha de metal o plástico que tiene taladros de 4,5 mm que al ser atravesados por las obreras hacen que las pelotas de polen rocen con los bordes de las perforaciones ocasionando su caída en un cajón situado debajo y que forma parte del aparato.

Hay que seleccionar colmenas fuertes y durante un período de unos 10 a 15 días para que la producción de la colonia no se vea afectada. Para evitar la descomposición del polen, se realiza una recogida diaria produciéndose posteriormente su desecación con aire caliente a 40º C, evitando así que fermente. Se reduce su contenido de humedad desde un 12% hasta un 8%.

Finalmente se empaqueta al vacío y se conserva a una temperatura de 2 a 6º C. Se puede obtener una producción media de 4-5 kg por colmena y año.

COMPOSICIÓN PORCENTUAL DEL POLEN		
Constituyentes	**Valor medio** (%)	**Rango** (%)
AGUA	11,2	7,0 - 16,2
PROTEÍNAS	21,6	7,0 - 29,9
CARBOHIDRATOS	31,0	20,5 - 48,4
CENIZAS	27,0	0,9 - 5,5
OTROS COMPUESTOS (vitaminas, minerales, etc.)	28,6	21,7 - 35,9

El polen no se ha considerado como alimento para el hombre hasta años recientes. Anteriormente, los apicultores lo cosechaban durante períodos de afluencias grandes para después alimentar las colonias al principio del período de aumento y estimular el empollo de cría

El interés en el polen como comida para el hombre usualmente se concentra en grandes ciudades donde existe un mercado especializado de alimentos naturales. Desde el punto de vista de la nutrición, el polen es una fuente de proteínas, vitaminas y minerales, aunque económicamente no puede hacer competencia con las fuentes acostumbradas de estos alimentos. Los muchos beneficios medicinales del polen nunca se han probado científicamente, y algunas personas han tenido reacciones alérgicas después de comerlo.

La cosecha de polen no se recomienda para apicultores principiantes o proyectos de pequeña escala. La colonia necesita polen para empollar cría, y por eso se pueden sacar sólo cantidades pequeñas sin debilitar la colmena. Es más eficiente cosechar el polen en sitios donde hay afluencias grandes.

El polen se daña rápidamente. Las trampas se deben vaciar con frecuencia (diariamente durante condiciones climáticas húmedas) para evitar que crezca moho en el polen. Inmediatamente que se cosecha tiene que ser secado o congelado. La luz directa del sol y el exceso de calor reduce su valor nutritivo y su calidad, y por eso se necesitan sitios especiales para procesarlo y almacenarlo.

Los problemas de cosechar y procesar el polen junto con el mercado limitado lo hace un producto impráctico para la gran parte de criadores de escala pequeña.

La cera

Es otro producto apícola tradicional. Es una sustancia segregada por las mandíbulas ceríferas de las abejas domésticas en los segmentos 4º, 5º, 6º y 7º, en posición ventral, en el segundo período de su fase adulta, justo después de ser nodrizas (*almacenistas*).

Es una sustancia de composición muy compleja con un elevado número de átomos de carbono. Es segregada en forma líquida solidificándose a la temperatura interior de la colonia en forma de escamas. Es de bajo peso pero resiste tracciones o pesos relativamente importantes. La cera actualmente tiene poca importancia como aprovechamiento apícola.

Existen dos tipos de cera:

- *Cera de opérculos.* De elevada calidad y precio.
- *Cera vieja.* De menor precio, procede de los panales viejos por reciclado. Se forman unos lingotes y se cambian por cera estampada.

Los apicultores extraen la cera fundiendo en agua hirviendo los panales, restos de cuadros, opérculos, etc. Después de un lento enfriamiento y por diferencia de densidad, se extrae un bloque o *cerón*. También se utilizan para fundir las calderas de vapor de agua y los cerificadores solares. Los bloques o cerones se venden en bruto a las industrias especializadas, que se encargarán de elaborar nuevas láminas estampadas y preparadas para colocar en los cuadros a introducir en la colmena. De este modo se ahorran tiempo y trabajo a las colmenas, permitiendo un aprovechamiento óptimo de las floraciones.

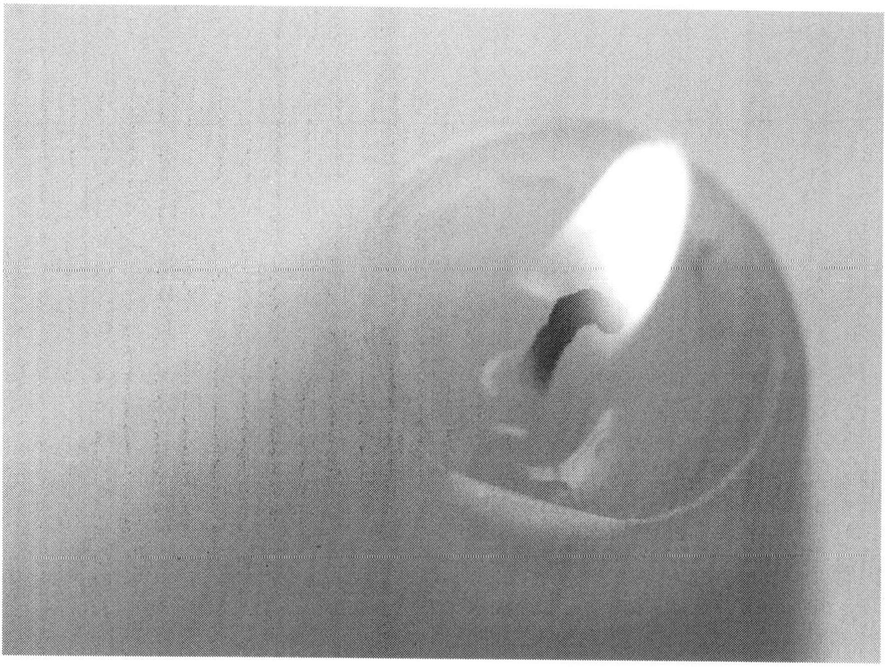

Antiguamente la cera se empleaba en la fabricación de velas, pero en la actualidad es la propia industria apícola la principal consumidora de cera de abejas. Otros usos son como ingrediente o soporte en productos específicos para la industria cosmética, la farmacéutica, en medicina, en fabricación de pinturas, etcétera.

Pero la cera de abejas es también un producto apícola que en algunas regiones es valuado más que la miel. La cera de la abeja occidental (*Apis mellifera*) es diferente de la producida por las especies asiáticas (*A. dorsata*, *A. florea* y *A. cerana*). La de abejas asiáticas se llama "cera Ghedda" y es menos aceptable para mercados internacionales que la cera de la abeja occidental.

Es un producto que no se descompone y que es fácil de almacenar. En algunos sitios es usado por artesanos y artífices, como latoneros, estampadores de cera, estampadores de batik, curtidores, trabajadores en cuero, y también en veleros. Además, se adapta fácilmente a la producción de barnices para muebles de madera.

La cera pura es más dura y tiene un punto de derretimiento más alto (64º C) que la mayoría de ceras. Estas características la hacen más deseable para ciertos usos, como las industrias cosméticas y farmacéuticas y la producción de barnices y velas. El uso de la cera en proyectos de pequeña escala incluye:

- fabricación de velas
- latonería
- estampados de batik
- barnices para madera y cuero
- reforzar e impermeabilizar hilos de costura
- tratamiento para cascos de animales
- elaboración de bases estampadas para las colmenas

Algunos consejos

- Se deben guardar todos los panales y pedazos de cera viejos para derretirlos. El panal viejo se debe derretir separado del nuevo porque éste rinde mejor calidad de cera.
- Un panal oscuro contiene propóleos y capullos que bajan la calidad de la cera.
- El panal almacenado en pedazos es muy susceptible a infectarse con la polilla de cera.
- El panal que se va a derretir se puede guardar por corto tiempo en bolsas de plástico con bolitas de alcanfor (*paradichloro-benzene*, PDB) para evitar el daño de la polilla.
- Hay que examinar con frecuencia el panal guardado para asegurarse de que no tenga larva de polilla. El PDB previene que las polillas adultas pongan huevos, pero no afecta a la larva.
- Existen fumigantes más fuertes, pero el uso de éstos no es práctico para apicultores de pequeña escala.
- Casi todos los métodos de derretir la cera usan agua caliente. Se basan sobre el hecho de que la cera flota sobre agua. Son necesarias ciertas precauciones:
  - Use para la cera envases de aluminio o de esmalte.
  - Nunca use envases de hierro, zinc o cobre, porque le tiñen el color.
  - La cera derretida es *muy* inflamable, por lo que requiere ser manipulada con mucho cuidado.
  - No deje hervir la mezcla de agua con cera. Esto baja la calidad de la cera porque la hace más quebradiza.
  - Las marquesas de cera se pueden almacenar en sitios secos y frescos por largo tiempo sin peligro. Se deben envolver en papel o plástico.
  - Nunca almacene la cera cerca de insecticidas. La cera absorbe los químicos y, si se usa para bases de panales, puede matar las abejas.
- Con el uso de un cerificador solar se pueden derretir inmediatamente pedazos pequeños de panal que se cortan de la colmena. Así no hay que esperar

una acumulación de panal para derretirlo todo junto como es necesario cuando se usa agua caliente.

Cómo derretir la cera: Método I

1) Hay que poner el panal dentro de un envase con agua.

2) Se calienta el agua hasta que se derrita la cera (no debe permitirse que la cera hierva)

3) Cuando se derritió, se la cuela por una malla.

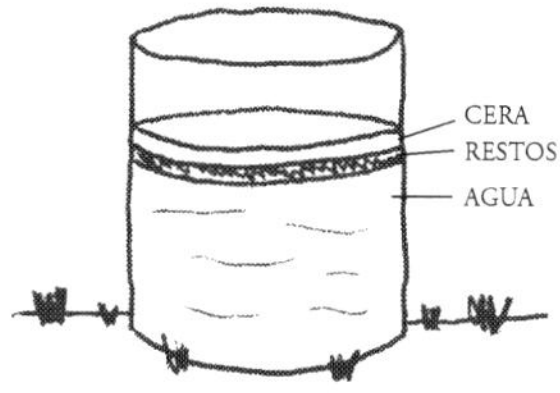

4) Se la deja hasta que endurezca.

Cómo derretir la cera: Método II

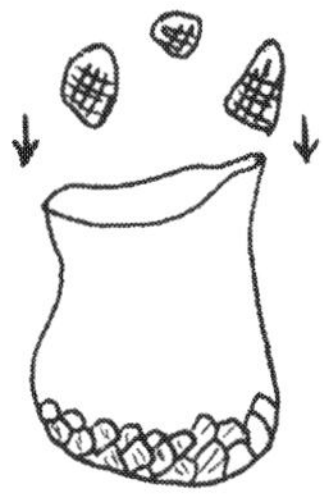

1) Hay que poner el panal en un saco de arpillera, con piedras adentro para que tenga buen peso.

2) Se pone este saco en agua caliente.

3) Se revuelve mientras se va derritiendo la cera.

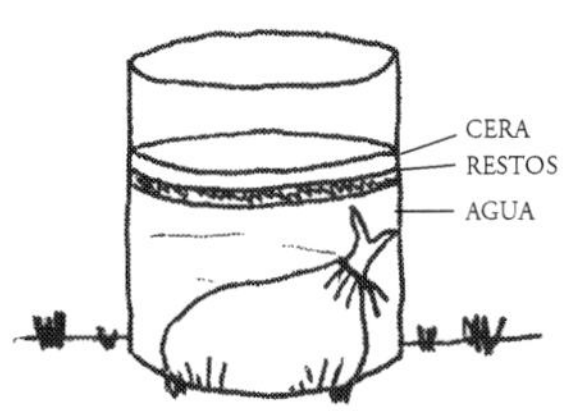

4) Cuando ya se derritió, se la deja enfriar y endurecer.

5) Otra opción es poner la cera caliente en moldes.

Algunas fórmulas para distintos usos de la cera

BARNIZ DE CERA PARA MUEBLES Y MADERAS

Ingredientes:

200 g de cera de abeja

100 g de turpentina

50 g de aceite de naranja, limón o coco

Raye la cera.

Añada lentamente la turpentina para suavizar la cera.

Añada el aceite y mezcle.

Guarde en una lata con tapa apretada, o en un frasco.

BARNIZ DE CERA PARA PISOS

Ingredientes:

60 g de potasa

60 ml de agua

120 g de cera

270 ml de agua

Caliente los 270 ml de agua a punto de ebullición

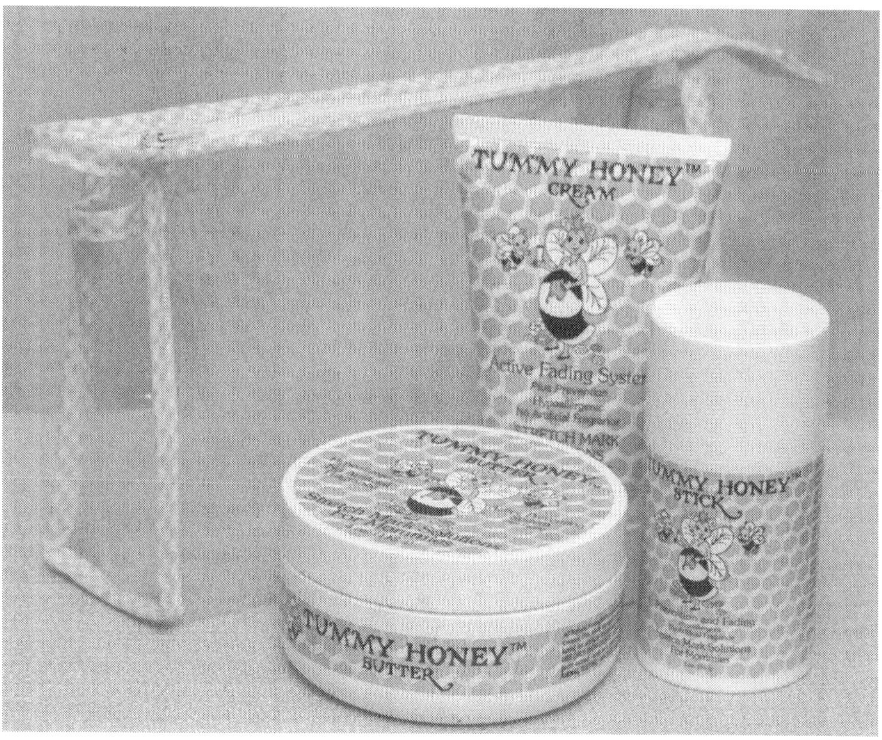

Añada lentamente la cera.
Mezcle potasa con 60 cl de agua y mezcle esto con la cera y el agua.
Caliéntelo hasta que forme un líquido blanco.

TRATAMIENTO IMPERMEABLE PARA CUERO
Ingredientes:
750 g de cera
45 g de betún
60 g de aceite de maní
40 g de sulfato de hierro
15 g de esencia de tomillo
Raye y derrita la cera.
Deje enfriar hasta que esté tibia y semisuave.
Añada los otros ingredientes y mezcle.
Guarde en frasco cerrado.

UNGÜENTO PARA QUEMADURAS
Ingredientes:
18 g de cera
40 g de parafina
10 g de aloe polverizado
30 g de agua
1 g de bórax (se consigue en farmacias)
Raye y derrita juntas la parafina y la cera.
Quite del fuego y añada el resto de los ingredientes.
Guarde en frasco.

CREMA FACIAL DE CERA DE ABEJAS
Ingredientes:
100 g de cera
200 g de agua
300 g de aceite mineral claro (se consigue en farmacias)
6 g de bórax
esencia aromática (a elección)
Caliente la cera y el aceite mineral a 70º C.
Mézclelo hasta que la cera esté completamente disuelta.
Añada el bórax al agua y caliéntelo a la misma temperatura.
Añada la mezcla de agua y bórax al aceite y cera, revolviendo rápidamente.

Revuelva hasta que se forme una emulsión suave.
Cuando la mezcla haya enfriado a 60° C, añada la esencia aromática y mézclelo.
Cuando se haya enfriado a 48° C, póngalo en frascos y déjelo cuajar destapado.

TRATAMIENTO PARA CASCOS DE ANIMALES
Para hacer un buen remedio casero para los cascos de animales lastimados, mezcle partes iguales de cera derretida y miel.
Limpie y seque el casco antes de untar el tratamiento.

CERA DE INJERTACIÓN PARA USO EN LA HORTICULTURA
Derrita porciones iguales de resina y cera a Baño María.
Deje enfriar la mezcla y amásela formando palos.
Envuélvalos en papel de cera y guárdelos en un sitio fresco y seco.

COSTURAS
Pase el hilo a través de pequeños bloques de cera. La cera endurece y hace más liso el hilo. Esto es ventajoso para la costura de cueros y telas gruesas.

EL PROPÓLEOS

Se forma a partir de la labor de las abejas en la recolección de resinas de especies arbóreas y su mezcla con cera en la colmena. Al depositarse sobre las grietas del nido o colmena, los propóleos evitan pérdidas de calor durante el invierno, reducen la piquera y aíslan las partículas extrañas que se depositan dentro de la colonia, evitando su descomposición.

Las aplicaciones de los propóleos son diversas. Se emplean en la fabricación de cosméticos, barnices, pinturas, medicamentos, etc. Tiene propiedades antisépticas especialmente en infecciones de ojos y de garganta, en eczemas, úlceras, enfermedades del tracto urinario, dermatología, odontología, etcétera.

El propóleos se recolecta colocando en la parte superior de la colonia, por debajo de la tapa, una malla de plástico con una luz de 3 mm. Como las abejas no pueden pasar, tienden a cerrar el hueco. Cuando la malla está propolizada se conserva a temperatura frigorífica durante un tiempo, se saca y se enrolla. La producción media alcanza los 50 gramos por colonia y por año.

Algunas características básicas

La composición básica del propóleos es:

- 50% de bálsamos y resinas
- 35% de cera
- 10% de aceites esenciales
- 5% de polen

Ese 50% es el que contiene los principios activos, y en esa fracción se han logrado separar ya cerca de 200 compuestos, de los cuales prácticamente la mitad son compuestos fenólicos (principalmente *flavonoides*), a los que se les atribuyen propiedades curativas o farmacológicas.

Los flavonoides son pigmentos vegetales con una importante acción antioxidante, que presentan una barrera química de defensa contra microorganismos (hongos, bacterias y virus). Por otra parte, absorben la radiación electromagnética, por lo que constituyen una protección natural para las plantas contra la radiación ultravioleta del sol, razón que le otorga también un efecto protector sobre la piel humana.

Estos y otros compuestos volátiles que forman parte del propóleos pueden perderse por la acción de la temperatura o exposición prolongada a radiación ultravioleta, por lo que requiere de mucho cuidado en su manejo.

El propóleos presenta una serie de características organolépticas a las que se suman diversos parámetros físico-químicos. En el primer caso, se determinan normalmente el aspecto, consistencia, impurezas mecánicas, color, olor y sabor; en el segundo, los análisis más habituales son: humedad, punto de fusión, contenido en ceras e impurezas mecánicas; sustancias minerales, índice de oxidación, índice de yodo, índice de acidez, basicidad y precipitados, así como el análisis cualitativo de flavonoides y cuantitativo de fenoles totales.

Su color depende del origen floral que tenga. Puede presentar tonalidades amarillas, pardas, verdosas, castañas, rojizas o negruzcas. En general, los más apreciados son los propóleos claros. El sabor debe ser básicamente picante. El olor debe ser resinoso y puede ser más o menos suave o aromático.

La cera y las mezclas mecánicas no contienen principios activos y su elevada presencia deprecia el producto; una forma simple de determinar la calidad de una muestra en el campo consiste en oprimir una pequeña parte entre los dedos índice y pulgar. Si se siente una consistencia terrosa la muestra es de poca calidad por la presencia de un exceso de mezclas mecánicas; su calidad también será inferior si es demasiado maleable ya que esto implica que tiene una cantidad excesiva de cera.

Aspectos de la producción

Hay una serie de factores cuya interrelación juega un papel fundamental en la producción del propóleos, y de los cuales depende el mayor o menor éxito tanto en cuanto a calidad como a cantidad. A continuación analizaremos uno por uno los principales.

○ **Flora y clima**

Las sustancias resinosas procedentes de los brotes y exudados resinosos de diversas especies vegetales –principalmente de álamos, castaños, abetos, sauces, pinos, abedules– dan origen al propóleos. De ahí que en las explotaciones establecidas en bosques naturales, las abejas acumulen más propóleos que en las establecidas en zonas de cultivos intensivos.

Habrá que tener en cuenta que siempre será mayor la predisposición y almacenamiento en zonas frías y ventosas que en zonas cálidas (a excepción de la abeja africanizada en zonas tropicales que recolectan permanentemente).

Es importante que los colmenares se ubiquen lejos de zonas donde existan cultivos en los que se apliquen tratamientos plaguicidas y lejos de vías de comunicación terrestre, ya que en algunos casos se han reportado contaminaciones con plomo.

○ **Raza**

La raza más propolizadora es la *Apis mellifera* caucásica, la abeja gris originaria de las montañas del Cáucaso, que llega a producir en ocasiones una exagerada propolización que dificulta las visitas de aquellos que no abren sus colmenas regularmente. La abeja italiana (*Apis mellifera* ligústica) es la menos propolizadora, aunque en zonas ventosas y frías con bosques o alamedas son buenas productoras. En el valle argentino de Río Negro, Neuquén y Mendoza, limítrofe con Chile, se obtienen rendimientos de 300 a 500 gramos/colmena /año de propóleos de excelente calidad, lo que decuplica la producción media.

Por su parte, la *Apis mellifera mellifera* o abeja negra nativa o criolla, tiene muy buenas aptitudes de propolización debido a su permanente agresividad y rusticidad, cualidades que influyen en su instinto de fijar partes de la colmena y sellar grietas.

A pesar de su gran capacidad de adaptación a todos los climas, la raza cárnica es muy poco propolizadora.

Pero, de todos modos, el principal punto a tener en cuenta al elegir es la adaptación de la raza a nuestra zona de producción.

❍ Métodos de recolección

1) Raspado

El sistema de raspado de cabezales y cajones ha sido tradicionalmente la forma de extracción más utilizada, pero los repetidos resultados de estudios sobre calidad realizados en los últimos años desaconsejan este método de extracción, debido a que el propóleos contiene mayores impurezas y posibles contaminantes.

Si de todos modos se recolecta propóleos por la técnica del raspado, es conveniente tener en cuenta algunos principios:

- No se deben emplear elementos de hierro, ya que éste forma complejos con los principios activos del propóleos, disminuyendo su calidad. Hay que emplear elementos o espátulas de poco filo y de acero inoxidable.
- Es importante tener en cuenta la ubicación del propóleos en la colmena:
  - El de piquera, a pesar de ser de fácil acceso, es un propóleos que ha perdido gran parte de sus propiedades, ya que, por estar expuesto al medio ambiente, la acción del aire y el sol le producen oxidaciones que disminuyen su calidad.
  - El propóleos de techo suele estar acompañado de mucha cera.
  - El propóleos de piso contiene demasiadas impurezas.
- Lo más conveniente es tomar el propóleos depositado en las paredes internas de la colmena o de los laterales y cabezales de los cuadros, ya que presenta mayor concentración de resinas y se encuentra más protegido.
- Nunca se debe raspar en zonas donde haya pintura sobre la madera del cajón, ya que contaminaría el producto.

2) Mallas

La recolección efectuada mediante el empleo de mallas optimiza el proceso y garantiza la obtención de un producto libre de impurezas y contaminantes.

Podemos optar entonces por el uso de mallas matrizadas plásticas en espacios de 3 a 4,5 mm, fabricadas específicamente para el almacenamiento de propóleos; éstas se utilizan sobre los cabezales de los cuadros debajo de la entretapa de la colmena. Otra opción es la tela mosquitera plástica, que tiene el mismo resultado. En pruebas realizadas en Argentina no se han encontrado diferencias de rendimiento entre una y otra opción.

La producción con mallas tiene la ventaja de no producir ninguna modificación en el resto de las producciones de la colmena, invitando a la abeja a propolizar sin alterar el funcionamiento normal de la colonia.

3) C.I.P.

Últimamente se adoptó en Argentina y Brasil un nuevo sistema de recolección, el llamado C.I.P. (Colector Inteligente de Propóleos).

Consiste en un dispositivo en forma de cajón del tamaño de la colmena pero cuyos laterales no son tablas sino un juego de listones de madera y guías móviles, con espacios para la propolización. El propóleos se recoge de las aberturas mediante un cuchillo bien afilado o un punzón, y a medida que éstas se van llenando se transfieren a las guías, que llevan un dispositivo de protección contra el sol y la lluvia.

El C.P.I se puede colocar en sustitución de la cámara de cría –retirándose momentáneamente los cuadros–, o bien sobre la cámara sustituyendo la primera alza.

Hay que decir que, a pesar de ser un dispositivo diseñado para producir propóleos en gran cantidad, algunas experiencias mostraron el efecto contrario: las cosechas han sido bajas y se ha producido una importante pérdida de colmenas.

Funciona correctamente en condiciones óptimas. Hay que contar con la abeja apropiada en la zona apropiada y con mucha oferta de propóleos. Porque hay casos, como el de la abeja italiana, en los que se comprobó que el uso del C.I.P. puede estresarla terriblemente y hacerla emigrar.

El problema de este tipo de sistemas colectores consiste en que con ellos de alguna manera el apicultor obliga a la abeja a propolizar; se suma a esto la baja calidad de propóleos obtenido debido a su permanente exposición al medio ambiente (a pesar de las protecciones), donde sufre deterioros por acción de la luz, aire y temperaturas. En este sentido es indiscutible que los propóleos del interior de la colmena tienen mejor calidad.

Y debe quedar claro que al obligar a propolizar se sacrifica la producción de miel y cera. Pensando como apicultor y defensor de las abejas, la actitud correcta quizá sea *invitar* en lugar de *obligar* a las abejas a propolizar.

❍ **Higiene y sanidad**

Las colmenas que se elijan para producir propóleos han de pertenecer a colonias sanas y fuertes, para no tener que recurrir a curas con productos que generen residuos tóxicos.

Recolección, almacenado y conservación del propóleos

Al abrir la colmena y retirar la malla para hacer una revisión o bien efectuar la cosecha de miel, hay que poner especial cuidado para una correcta manipulación del propóleos. Hay que tratar de no exponer por mucho tiempo la malla al sol. También es conveniente disponer de bandejas de plástico o de madera para depositar las mallas, tanto en las inspecciones como en las operaciones de recogida.

La recolección –en especial en el caso del raspado– debe hacerse con las manos y las espátulas limpias de restos de miel, tierra o cualquier otra sustancia que pueda contaminar el propóleos. Una vez cosechado se lo debe guardar en envases de cartón, vidrio o plástico atóxico –nunca en envases de metal–, que lo protejan del polvo, de la humedad ambiente, del sol y de los gases de combustión del vehículo empleado para su traslado.

Cuando se recoge el producto, debe evitarse hacer grandes bolas de propóleos, porque al compactarlo pierde calidad, y además su posterior manipulación se hace más difícil.

Luego hay que enrollar las mallas y disponerlas dentro de un congelador, dejándolas allí al menos 1 o 2 horas. Durante este tiempo el propóleos obtendrá una consistencia que hará que al desenrollarse las mallas se desprenda de éstas con facilidad. Este propóleos en bruto no debe apelmazarse, así que nunca hay que embalar más de 1 kg por partida.

Hay que protegerlo especialmente contra la humedad excesiva, que favorece el desarrollo de algunas especies de hongos en la superficie del mismo, como el *penicillium* o el *aspergillus*, que pueden generar toxinas perjudiciales para la salud; esto se reconocerá típicamente por la presencia de capas blancas y verdosas.

También se lo debe cuidar de una temperatura ambiente excesiva, el contacto con el aire, la acción de la luz –especialmente la radiación ultravioleta– y el ataque de insectos.

Lo más conveniente es almacenarlo en frascos de vidrio ámbar, antes que en bolsas plásticas, y mucho menos si se trata de bolsas con inscripciones, cuya tinta puede contener metales pesados que se incorporarían al propóleos. Aunque las pequeñas bandejas plásticas como las que se utilizan para productos alimenticios no son una mala opción. Por supuesto, nunca se lo debe envasar en cajas o envases que hayan contenido otros productos que pueden contaminar el propóleos.

Los locales donde se lleven a cabo estos procesos deben estar limpios, ventilados, y libres de insectos y roedores. La temperatura ideal del lugar, para la conservación del producto, es de 15° C. Así se evita que pierda los componentes volátiles que contribuyen a sus propiedades.

El veneno de abeja (apitoxina)

La *apitoxina* se produce en las glándulas situadas en la parte posterior del último segmento abdominal de la abeja. Es un producto que se emplea en medicina por sus propiedades antiartríticas, y también en la preparación de antialérgicos.

Se obtiene colocando en el piso de la piquera una esponja cubierta por unos hilos desnudos de cobre por los que se hace circular una corriente eléctrica pequeña y a intervalos. Al entrar, las abejas reciben la descarga y clavan el aguijón en la esponja (pudiendo recuperarlo después); poco a poco las gotas de veneno van quedando en las esponjas, y luego se recogen estrujándolas.

Hay que saber que las colonias sometidas a esta producción suelen aumentar la agresividad de forma muy notoria. Por ello, es conveniente instalarlas lejos de las zonas habitadas, para prevenir ataques.

El rendimiento medio obtenido es de 1 g de veneno cada 20 colonias.

Entre otras propiedades, el veneno de abeja es bactericida, hemolítico, anticoagulante y tónico. Se le reconocen propiedades en casos de reumatismo y es uno de los mejores vasodilatadores conocido; al ser anticoagulante, fluidifica la sangre.

La jalea real

Es el alimento fundamental de la reina durante toda su vida, y de las abejas cuando son larvas hasta cumplir los seis días de vida. Es esencialmente un alimento proteico (12%), aunque también es rica en azúcares (9%) y distintas vitaminas.

La producción de jalea real requiere disponer las colonias de una forma especial, muchos cuidados, un adecuado control de los tiempos, visitas continuas a las colonias, y ante todo una climatología adecuada. Existen útiles y herramientas específicas para esta producción. La jalea real obtenida se almacena en frascos oscuros y debe permanecer siempre en frigorífico. Se puede obtener una producción de 500 g por colonia.

Además de ser empleada en las industrias dietéticas y cosméticas, la jalea real tiene una importante acción antiinflamatoria y regeneradora, y presenta efectos hipocolesterolémicos, vasodilatadores y antiinflamatorios.

CRÍA RENTABLE DE CODORNICES

Manual teórico-práctico para su producción y comercialización

Ing. Luis Lázaro

128 páginas
15,5 x 23 cm
ISBN: 950-754-118-7

¿Cómo se instala un criadero de codornices?

¿Qué cantidad de huevos se puede producir mensualmente?

¿De qué forma se cría cada una de las variedades de codornices?

¿Cuál es la rentabilidad máxima que se puede lograr con esta producción?

Las técnicas para reproducir, mejorar y fomentar la cría de las codornices se denominan Coturnicultura.

Este animal, muy rústico, es fuertemente resistente a enfermedades, posee una carne con bajo tenor graso y sus huevos —quizá el principal producto de su cría— son sumamente apreciados tanto desde un punto de vista gastronómico como de salud, ya que además de ser muy sabrosos poseen un alto valor nutritivo en proteínas, vitaminas y minerales (en especial la "D", que fija el calcio en niños y adultos, y el hierro, del que tiene un alto contenido) y un muy bajo porcentaje de colesterol.

LOMBRICULTURA RENTABLE

Manual teórico-práctico para la cría comercial de lombrices

JOSÉ GABETTA

128 páginas
15,5 x 23 cm
ISBN: 950-754-106-3

¿Cuánto dinero se necesita para comenzar a criar lombrices?

¿Qué cantidad de espacio se requiere?

¿Cómo se obtiene el *humus* y cómo se comercializa?

¿De qué forma se pueden utilizar las lombrices para reciclar la basura?

Aunque hasta hace muy poco tiempo era prácticamente desconocida en Latinoamérica, la cría de lombrices es hoy muy requerida pues permite obtener el *humus* (fertilizante natural) con un alto grado de estabilidad, en un tiempo relativamente corto y con posibilidades de uso inmediato en agricultura, floricultura, horticultura y sobre todo en huertas orgánicas. También se relaciona con el tratamiento de un problema acuciante de estos tiempos: *los desechos urbanos*.

En nuestros días, el problema de los residuos en las sociedades industriales se comienza a sentir con particular intensidad. El extraordinario interés que ha suscitado el tema se debe a que estos invertebrados son unos formidables *devoradores* de materias orgánicas en descomposición, y con ellas se puede eliminar la basura en forma segura y ecológica.

CRÍA DE CONEJOS

Manual teórico-práctico para su producción y comercialización

LUIS LÁZARO

128 páginas
15,5 x 23 cm
ISBN: 950-754-116-0

¿Cuánto dinero se necesita para comenzar a criar conejos?

¿En cuánto espacio se arma un criadero?

¿Cómo se comercializa la carne y otros productos derivados?

¿De qué forma se puede aprovechar la mano de obra familiar en un emprendimiento de cunicultura?

Criar conejos es una alternativa muy interesante, en especial para pequeñas y medianas empresas de tipo familiar, que puedan destinar un excedente de mano de obra a esta actividad. La producción cunicular no se remite solamente a la carne de conejo —que es, sí, su principal producto—, sino que hay una serie de subproductos que también se pueden comercializar, como el pelo, el cuero, etcétera.

Los conejos tienen propiedades únicas como alimento y para el comercio: producen una carne muy nutritiva, con poca grasa y poco colesterol, abundante en proteínas y con vitaminas y minerales; los costos de inversión y mano de obra son pocos, y los animales son muy productivos, con períodos de gestación y lactancia breves, dando hasta 40 crías al año.

Colección microemprendimientos

LOMBRICULTURA RENTABLE
Manual teórico-práctico para la cría comercial de lombrices
JOSÉ GABETTA

CRÍA CASERA DE LOMBRICES
Manual práctico para su aprovechamiento ecológico
JOSÉ GABETTA

CRÍA RENTABLE DE CARACOLES
Manual teórico-práctico para su producción y consumo
JOSÉ GABETTA

APICULTURA PARA PRINCIPIANTES
Manual práctico para la cría de abejas y comercialización de sus productos
SANDRA GUZZETI / ALFREDO SANTI

CRÍA RENTABLE DE CONEJOS
Manual teórico-práctico para su producción y comercialización
ING. LUIS LÁZARO

CRÍA RENTABLE DE CODORNICES
Manual teórico-práctico para su producción y comercialización
ING. LUIS LÁZARO

HUERTA ORGÁNICA CASERA
Guía ecológica de horticultura hogareña
ARIEL SACKEWITZ

HUERTA ORGÁNICA RENTABLE
Manual teórico-práctico para la producción ecológica
ING. AGR. MIRTHA JEWTUSZYK / ARIEL SACKEWITZ

CRÍA RENTABLE DE ÑANDÚES
Manual teórico-práctico para su explotación comercial
FABIÁN RODRÍGUEZ

CRÍA RENTABLE DE LLAMAS
Manual teórico-práctico para su explotación comercial
FABIÁN RODRÍGUEZ